PRICING NO AGRIBUSINESS

Blucher

Claudio Luiz Eckhard

PRICING NO AGRIBUSINESS

Preços, custos e margens

Pricing no agribusiness: preços, custos e margens

Editora Edgard Blücher Ltda.

Publisher Edgard Blücher
Editores Eduardo Blücher e Jonatas Eliakim
Coordenação editorial Andressa Lira
Produção editorial Thaís Costa
Preparação de texto Ana Maria Fiorini
Diagramação Roberta Pereira de Paula
Revisão de texto MPMB
Capa Laércio Flenic
Imagem da capa iStockphoto

Blucher

Rua Pedroso Alvarenga, 1245, 4º andar
04531-934 – São Paulo – SP – Brasil
Tel.: 55 11 3078-5366
contato@blucher.com.br
www.blucher.com.br

Segundo o Novo Acordo Ortográfico, conforme 6. ed. do *Vocabulário Ortográfico da Língua Portuguesa*, Academia Brasileira de Letras, julho de 2021.

Dados Internacionais de Catalogação na Publicação (CIP)
Angélica Ilacqua CRB-8/7057

Eckhard, Claudio Luiz
Pricing no agribusiness : preços, custos e margens / Claudio Luiz Eckhard. – São Paulo : Blucher, 2023.
236 p. : il.

Bibliografia
ISBN 978-65-5506-710-1

1. Agronegócio 2. Agronegócios – Política de preços I. Título

23-2347 CDD 630

Índices para catálogo sistemático:
1. Agronegócio

O valor de algo é aquele que o
comprador está disposto a pagar.

Publílio Siro, século I a.C.

Prefácio

Tanto no ambiente empresarial como no ambiente acadêmico, circulam duas afirmações aceitas por muitos como verdade, todavia carentes de fundamentação.

A primeira delas preconiza que os preços são determinados pelo mercado. Deduz-se daí que ao gestor de preços compete somente subordinar-se a esse ditame, aproveitando da melhor forma possível as condições oferecidas pelo referido mercado para maximizar o resultado da empresa ou de uma oferta em particular.

Contudo, de fato, somente alguns preços são determinados pelo mercado. E mesmo esses dependem dos atributos da oferta reconhecidos e valorizados pelo comprador.

Os atributos de uma oferta são sua utilidade, acessibilidade, conveniência, escassez, custo, aparência, ou mesmo a imagem de "prático", "orgânico" ou "ético", nela impregnados pela ação do ofertante. Logo, quem detém a precedência na definição do preço de um produto ou serviço é quem o oferece.

No agribusiness não é diferente. O preço do café depende do tipo de grão, da forma como foi processado, da embalagem com a qual é comercializado, da maneira como é divulgado, do local onde é servido e até do prestígio de quem o oferece. Em síntese, das iniciativas de quem o provê.

A segunda afirmação é que no passado os preços eram definidos com base na equação "custo + lucro = preço", ou seja, que o preço de comercialização de um produto era determinado pelo seu custo adicionado de uma margem de lucro. Outra inverdade.

Imaginem um produtor de trigo da Idade Média oferecendo seu grão em um período de quebra de safra. Seu preço seria elevado em função de sua utilidade, escassez e dificuldade de ser substituído, independentemente do seu custo de produção, transporte e comercialização. É óbvio que neste caso estamos desconsiderando quaisquer intervenções governamentais, que sempre desorganizam o sistema de preços.

Na prática, tanto no passado remoto como nos dias de hoje, o preço de um produto ou serviço continua sendo condicionado pela percepção de valor que o comprador tem da oferta. E essa percepção não tem relação direta com o custo da oferta, mas, sim, como dito antes, com as inúmeras decisões que a envolvem, desde sua concepção, produção e comercialização até o seu consumo ou descarte. O que, de novo, faz de seu ofertante o principal responsável pelo valor a ele atribuído.

Tendo em conta tamanha responsabilidade, este livro, de uma forma pretensamente acessível, trata de um amplo espectro de questões relacionadas às decisões de preço do agronegócio, assim distribuídas:

O Capítulo 1 dedica-se à definição, dimensionamento, particularidades e vantagens comparativas do agronegócio brasileiro.

O Capítulo 2 volta-se para o conceito, relevância e preceitos fundamentais do *pricing*, atribuições e desafios do gerente de preços, diretrizes do ofertante e determinismo produto-preço.

O Capítulo 3 descreve as forças que atuam sobre o *pricing* e direcionam os preços praticados.

O Capítulo 4 aborda questões complementares da precificação, a saber, seus propósitos, a orientação básica dos preços, as categorias de preço e alguns de seus aspectos comportamentais mais relevantes.

O Capítulo 5 discorre sobre a definição e uso do custo unitário, ao lado das variantes, métodos e critérios utilizados para custeio dos objetos de venda.

O Capítulo 6 se ocupa do conceito, funções e variantes da margem das vendas, das classes de rentabilidade, dos modos de sustentá-la e de alguns meios alternativos de gerenciá-la.

E, completando a tarefa proposta, o Capítulo 7 prescreve alguns caminhos – entre eles um modelo de planilha de cálculo, fontes de consulta de preços, um método de análise de preços e práticas de precificação – que podem conduzir o ofertante a melhores decisões de preço.

Ao longo do livro, alguns temas são abordados em mais de uma oportunidade, porém em cada uma delas com um enfoque um pouco diferente. A intenção desse expediente foi contribuir para a adequada compreensão desses temas.

O uso frequente de citações e referências de autores do passado se deve à excelência e atualidade de seus conteúdos. Ao mesmo tempo, representa um tributo pago por suas contribuições para as ciências da administração e, mais especificamente, para as áreas de marketing e *pricing*.

Esperamos, desta forma, que o conhecimento aqui contido capacite os(as) leitores(as) a otimizar suas práticas de preços e, em decorrência, melhorar o desempenho de seus negócios.

O autor, março de 2023.

Conteúdo

CAPÍTULO 1
O agribusiness

A evolução do agronegócio foi tão gradual que os estudiosos da agricultura e do mundo dos negócios não conseguiram perceber sua importância.

John H. Davis e Ray A. Goldberg

1.1 O CONCEITO DE AGRIBUSINESS

Agribusiness ou agronegócio é o conjunto de operações que participam direta e indiretamente na exploração econômica da atividade agropecuária.

No nível microeconômico, seja em empreendimentos empresariais, associativistas, familiares ou individuais, o agronegócio é mais identificado com a criação de animais e o cultivo de espécies vegetais.

De fato, porém, a cadeia produtiva do agronegócio é bem mais ampla, estendendo-se desde o suprimento dos mais diversos tipos de insumos para a atividade rural até o fornecimento ao consumidor final dos produtos derivados da atividade agropecuária, sejam eles alimentares ou não alimentares.

Tal conotação tem origem nas pesquisas de Davis e Goldberg, que, ainda na década de 1950, definiram o agronegócio como "o conjunto das operações de fabricação e distribuição de suprimentos agropecuários, de produção das unidades agropecuárias, e de armazenamento, processamento e distribuição dos produtos agropecuários e de outros itens gerados a partir deles".[1]

Esse conceito foi mais recentemente ampliado por Van Fleet[2] ao caracterizar o agronegócio como todas as atividades de grandes e pequenas organizações, com e sem fim lucrativo, que se dedicam à produção, distribuição, marketing e processamento de alimentos, fibras, produtos florestais e biocombustíveis, inclusive as supridoras de água e as processadoras do lixo gerado por essas atividades.

1.2 A IMPORTÂNCIA DO AGRONEGÓCIO BRASILEIRO

O agronegócio brasileiro, conforme pesquisa do Centro de Estudos Avançados em Economia Aplicada da Escola Superior de Agricultura da Universidade de São Paulo, com base em dados do Instituto Brasileiro de Geografia e Estatística (IBGE), atingiu em 2020 o valor de R$ 1,98 trilhão e foi responsável por 26,6% do produto interno bruto brasileiro, 48,0% de suas exportações e 20,1% da população economicamente ativa.[3]

De acordo com uma previsão feita até 2023 da *Fitch Solutions*, agência de classificação de risco de crédito e análise de mercados, os mais importantes participantes do agronegócio global ("*largest agri players*") são Brasil, China, Estados Unidos, Índia, Indonésia e União Europeia.[4]

Para efeito de comparação, com base em dados do Departamento de Agricultura dos Estados Unidos (USDA), em 2020 o agribusiness norte-americano atingiu a cifra de US$ 1,055 bilhão de dólares, representou 5,0% de seu produto interno bruto e 7,2% de suas exportações e foi responsável por 10,3% dos empregos gerados por aquela economia.[5]

Conforme divulgado pela Confederação da Agricultura e Pecuária do Brasil (CNA) e pelo USDA, nesse mesmo ano o nosso país era o maior produtor de café e suco de laranja, o segundo maior produtor de açúcar, soja em grão, carne de frango e carne bovina, o terceiro de milho e o quarto de carne suína.

Além de ser o quarto maior exportador mundial de alimentos, nesse período o Brasil foi o maior exportador de açúcar, café, suco de laranja, soja, carne de frango e carne bovina, conforme demonstra a Tabela 1.1.

---

1 DAVIS; GOLDBERG (1957, p. 2). No original em inglês: "the sum total of all operations involved in the manufacture and distribution of farm supplies; production operations on the farm; and the storage, processing and distribution, of farm commodities and items made from them".

2 VAN FLEET (2016).

3 CEPEA (2022).

4 SEIXAS (2019).

5 USDA/ERS (2020).

Tabela 1.1 – Ranking de produtos brasileiros no comércio internacional

Principais produtos agropecuários	Produção brasileira Mi t	Ranking produção mundial	Exportação brasileira Mi t	Ranking exportação	Participação no comércio internacional
Café	3,8	1º	1,9	1º	27%
Açúcar	29,5	2º	19,6	1º	36%
Suco de laranja	1,3	1º	1,2	1º	76%
Soja	117	2º	75,4	1º	51%
Carne de frango	13,3	2º	3,6	1º	38%
Carne bovina	9,9	2º	2,0	1º	22%
Milho	101	3º	39,0	3º	20%
Carne suína	3,7	4º	0,7	4º	10%

Fonte: *Panorama do agro* (CNA, 2021).

Nosso país também se destaca, segundo dados do Instituto Brasileiro de Geografia e Estatística[6] pela produção de amendoim, arroz, feijão, sorgo, trigo, aveia, mandioca, banana, batata-inglesa, tomate, uva, fumo, couro, leite, madeira, celulose e até de rãs confinadas (ver Figura 1.1), neste último item como o segundo maior produtor mundial.[7]

Tamanha importância do agronegócio brasileiro aumenta sobremaneira ao levarmos em conta as necessidades futuras de alimentos, tanto da população brasileira como da do restante do mundo.

Com base na previsão do crescimento da população mundial – de 7,7 bilhões em 2019 para 9,7 bilhões em 2050[8] – e do acréscimo generalizado de sua renda *per capita*, a Organização das Nações Unidas para a Alimentação e a Agricultura (FAO) estimou que nesse período a produção de alimentos precisará crescer em torno de 50%.[9]

6 IBGE (s.d.)

7 MARTINS (2016).

8 DESA/ONU (s. d.).

9 ALEXANDRATOS; BRUINSMA (2012).

Figura 1.1 – Ranário em Goiás (rã touro gigante, norte-americana).

Fonte: Vídeo do canal TV Bom Negócio (GANHE MAIS, 2012).

1.3 VANTAGENS COMPARATIVAS DO AGRONEGÓCIO BRASILEIRO

O agronegócio brasileiro possui algumas especificidades que o diferenciam do de outros países e que justificam os bons resultados até agora alcançados.

Segundo levantamentos do birô de pesquisas Economist Intelligence Unit[10] e da consultoria PWC Brasil (2013), o agribusiness brasileiro conta com as seguintes vantagens competitivas:

- clima favorável, que permite duas ou mais colheitas por ano;
- disponibilidade de grandes extensões de terras cultiváveis de baixo preço, ou seja, 50 milhões de hectares cultivados para mais de 400 milhões de hectares disponíveis;
- abundante suprimento de água (perto de três vezes a disponibilidade de água fresca dos Estados Unidos);
- capacidade de empreender e domínio do *know-how* de produção, tanto primária como agroindustrial; e
- grande variedade de solos e climas, o que estimula a diversificação da produção.

---

[10] THE ECONOMIST (2010).

Essas vantagens, além de expressivas, deverão ser ampliadas com os investimentos que vêm acontecendo na área de infraestrutura, especialmente nos modais de transporte (rodovias, ferrovias, hidrovias), sistemas portuários e meios de comunicação (tecnologia da informação).

Dentre esses investimentos se sobressaem os que vêm sendo feito na região do Matopiba (Maranhão, Tocantins, Piauí e Bahia), nos portos e ferrovias com as privatizações e concessões em curso e os previstos na implantação das redes de comunicação sem fio padrão 5G.

1.4 A CLASSIFICAÇÃO E ABRANGÊNCIA DO AGRIBUSINESS

O agronegócio é dividido, de forma simplificada, em três grandes áreas de atividade: suprimento agropecuário ou "antes da porteira", produção agropecuária ou "dentro da porteira" e processamento e distribuição da produção agropecuária e agroindustrial ou "depois da porteira" da propriedade rural.[11]

As atividades antes da porteira são todas aquelas que abastecem de bens e serviços (insumos e suprimentos de toda ordem) os produtores rurais. Esses bens e serviços, por sua vez, podem ser classificados em matéria-prima, energia, máquinas e equipamentos, instalações e serviços em geral.

As atividades dentro da porteira são aquelas de produção agrícola e pecuária propriamente ditas. Também fazem parte desse conjunto, a despeito de suas singularidades, as atividades de silvicultura e o extrativismo animal e vegetal.

As atividades depois da porteira compreendem todos os processos agregados aos produtos primários de origem agropecuária. Dentre esses processos destacam-se os de transformação (agroindústria), de transporte, de distribuição e comercialização, de armazenagem e portuários.

O Quadro 1.1 dá uma ideia, ainda que restrita, dessas três áreas do agronegócio.

---

[11] Os mesmos Davis e Goldberg (1957, p. 6) dividem as atividades do agribusiness em *farm supplies*, *farming* e *processing-distribution*, enquanto Megido e Xavier (2003, p. 26-27), em *Marketing e agribusiness*, empregam a terminologia "antes da porteira", "dentro da porteira" e "depois da porteira" da fazenda.

Quadro 1.1 – Áreas de atividade do agronegócio

Antes da porteira	Dentro da porteira	Após a porteira
(Suprimento agropecuário)	**(Produção rural)**	**(Processos agregados)**
Matéria-prima sementes ração adubos defensivos vacinas etc. **Energia** eletricidade óleo diesel lenha etc. **Máquinas e equipamentos** tratores colheitadeiras comedouros ordenhadeiras equipamentos de irrigação etc. **Instalações** silos currais cercas estufas depósitos etc. **Serviços** assitência técnica rural informática análise de laboratório serviços financeiros etc.	**Agricultura** trigo milho soja algodão arroz cana-de-açúcar uva laranja fumo chá temperos flores etc. **Pecuária** gado de corte gado leiteiro suínos frangos peixes répteis etc. **Silvicultura** pinus eucalipto acácia etc. **Extrativismo** caça pesca coleta etc.	**Transformação** abatedouros laticínios moinhos tecelagens indústrias de bebidas indústria de celulose curtumes. etc. **Distribuição/venda** varejistas atacadistas corretores centrais de abastecimento *trading companies* bolsas de mercadorias etc. **Transporte** rodoviário marítimo etc. **Armazenagem** cooperativas agrícolas frigoríficos empresas de logística etc. **Serviços portuarios** carga/descarga armazenagem despacho aduaneiro inspeção aduaneira etc.

Fonte: adaptado de *Reframing agribusiness: moving from farm to market centric* (EDWARDS; SHULTZ, 2005); *Agronegócio: uma abordagem econômica* (MENDES; PADILHA Jr., 2007, p. 48).

Os processos agregados aos produtos primários dão origem tanto a insumos (matérias-primas, materiais secundários, material de embalagem, energia e instalações) para outras atividades como a produtos de consumo. Alguns exemplos de produtos de consumo derivados do agronegócio são refeições, bebidas, roupas, calçados, móveis, livros, álcool, corantes, medicamentos e artigos de decoração.

Outra forma de classificar a produção agropecuária é de acordo com sua finalidade precípua. Com base neste critério, as atividades cujos produtos finais são destinados à alimentação fazem parte do *sistema agroalimentar*, enquanto as demais, do *sistema agroindustrial não alimentar*.[12]

Exemplos de setores de atividade enquadrados no sistema alimentar são os de carnes, grãos, hortifrutigranjeiros e bebidas. Setores enquadrados no sistema agroindustrial não alimentar são, por sua vez os de biocombustíveis e bioquímico, o madeireiro e mobiliário, o coureiro-calçadista, o têxtil e de confecções e o de papel e papelão.

1.5 AS PECULIARIDADES DOS PRODUTOS AGROPECUÁRIOS

Os produtos agropecuários são dotados de peculiaridades que em seu conjunto permitem distingui-los dos demais.

O professor Rodolfo Hoffmann, da Escola Superior de Agricultura Luiz de Queirós (Universidade de São Paulo - ESALQ/USP) e do Instituto de Economia da Unicamp, um dos precursores do trabalho acadêmico nessa área, listou como particularidades da produção agrícola (a) a qualidade da terra, (b) o clima e as estações do ano, (c) a interdependência dos produtores, (d) a pulverização da produção, (e) a posse da terra, (f) a oferta estacional, (g) a perecibilidade dos produtos e (h) os riscos inerentes à atividade.[13]

Woodford, por sua vez, discorrendo a esse respeito, chamou a atenção para (a) os extensos prazos de investimento, (b) os longos ciclos de produção, (c) a volatilidade da produção, (d) as questões de segurança alimentar, (e) as diretivas governamentais e (e) as implicações ambientais.[14]

Já Callado, referindo-se à produção agropecuária, apontou como características marcantes (a) a tendência à homogeneização dos produtos, (b) a perecibilidade dos produtos, (c) a sazonalidade, (d) os riscos das variações climáticas, (e) os condicionantes biológicos, (f) a disponibilidade de terra e água, (g) o ciclo produtivo, (h) a distância dos centros de consumo e (i) a integração em cadeias de suprimentos.[15]

---

12 ARAÚJO (2009, p. 21-22).

13 HOFFMANN (1984, p. 1-2).

14 WOODFORD (2014).

15 CALLADO (2009, p. 113).

Mesmo assim, tendo em vista o propósito desta obra, nos deteremos somente nas peculiaridades que consideramos de maior relevância para a gestão dos preços do agronegócio, quais sejam: (1) essencialidade, (2) sazonalidade, (3) dependência de eventos naturais, (4) incidência de commodities, (5) degradação e perecibilidade, (6) exigências sanitárias e ambientais, (7) matéria-prima única e (8) ciclos produtivos alongados.

Vejamos, então, em que consistem tais peculiaridades.

1.5.1 ESSENCIALIDADE

Muitos produtos de origem agropecuária, por atenderem a necessidades de alimentação, abrigo, vestimenta e energia, são essenciais à subsistência humana.

Essa essencialidade, se, por um lado, confere a esses produtos uma demanda assegurada, por outro induz à intervenção governamental visando à defesa dos interesses dos produtores, o fomento da produção, o controle dos preços e o provimento de necessidades básicas da população.

De acordo com Sonka e Hudson, a intervenção governamental no setor de alimentos e agronegócios é uma realidade em todo o planeta, e a motivação para essa atitude não se limita à manutenção da renda de uma parcela da população. Também são consideradas questões como segurança alimentar, conservação dos recursos naturais, segurança dos trabalhadores e bem-estar das comunidades rurais.[16]

Um bom exemplo dessa intervenção é a Farm Bill norte-americana, de 2018, que destinou US$ 867 bilhões por ano durante um período de cinco anos para financiar subsídios e seguro de lavouras para agricultores em todo o país e programas de assistência alimentar para norte-americanos de baixa renda.[17]

Outro exemplo relevante desse tipo de iniciativa foram os subsídios diretos de US$ 720 bilhões por ano concedidos pelos países da Organização para a Cooperação e Desenvolvimento Econômico (OCDE, formada pela União Europeia e mais doze países) e principais economias emergentes, no período de 2018-2020, aos seus produtores rurais.[18]

No Brasil, ainda que em menor escala, tal tipo de intervenção também se faz presente – quer seja no volume de oferta, via formação de estoques reguladores e no preço mediante o tabelamento ou fixação de preços mínimos, quer seja no crédito, com a concessão de financiamentos a taxas reduzidas por programas como o

---

[16] SONKA; HUDSON (1989).

[17] USA/CRS (2019).

[18] OECD (2022).

Moderagro, o Moderfrota, o Pronamp, o PCA e o Pronaf[19] ou no refinanciamento de dívidas tributárias e previdenciárias.

Isso sem contar os estímulos fiscais e creditícios concedidos às exportações brasileiras, os benefícios tributários domésticos do tipo inclusão na cesta básica de alimentos e os serviços de apoio e pesquisa prestados pelo Sebrae, Emater e Embrapa.

1.5.2 SAZONALIDADE

Sazonalidade é a característica do fenômeno que se repete em idênticas circunstâncias ou períodos e que se encontra, no mais das vezes, associado às estações do ano.

Grande parte da produção e oferta de produtos agropecuários é sazonal,[20] pois depende do ciclo biológico de cada espécie. Até mesmo atividades não diretamente dependentes desse ciclo biológico podem sofrer alteração ocasionada por uma sequência de eventos que se repete. É o caso da produção leiteira, que varia de acordo com a disponibilidade de pastagens, as quais, por sua vez, são mais abundantes no verão (estação das chuvas) e menos abundantes no inverno (estação da seca).

A sazonalidade também existe no lado da demanda, como se pode observar na comercialização de flores no período adjacente à celebração do Dia de Finados e de derivados da cana-de-açúcar e do cacau no inverno.

O Quadro 1.2 demonstra a sazonalidade de alguns produtos comercializados na Companhia de Entrepostos e Armazéns Gerais do Estado de São Paulo (Ceagesp).

[19] Ver websites do Banco Nacional de Desenvolvimento Econômico e Social (BNDES) e do Banco do Brasil.

[20] MENDES; PADILHA JR. (2007, p. 168-169).

Quadro 1.2 – Sazonalidade de produtos comercializados na Ceagesp (Entreposto Terminal São Paulo)

Produtos	Jan	Fev	Mar	Abr	Maio	Jun	Jul	Ago	Set	Out	Nov	Dez
Alho Nacional	Fraco	Fraco	Fraco	Fraco	Fraco	Fraco	Forte	Forte	Forte	Forte	Médio	Fraco
Alho Estrangeiro	Médio	Fraco	Forte	Forte	Forte	Médio	Fraco	Médio	Fraco	Fraco	Fraco	Fraco
Amendoim com Casca	Fraco	Fraco	Fraco	Médio	Médio	Forte	Médio	Médio	Fraco	Fraco	Fraco	Fraco
Amendoim sem Casca	Fraco	Médio	Forte	Fraco	Forte	Forte	Forte	Forte	Médio	Médio	Fraco	Fraco
Batata Nacional	Médio	Médio	Médio	Fraco	Fraco	Fraco	Fraco	Fraco	Fraco	Fraco	Fraco	Forte
Canjica	Médio	Fraco	Médio	Fraco	Forte	Forte	Médio	Fraco	Fraco	Fraco	Fraco	Fraco
Cebola Nacional	Forte	Forte	Forte	Fraco	Fraco	Fraco	Forte	Forte	Forte	Forte	Forte	Forte
Cebola MG	Fraco	Fraco	Fraco	Fraco	Fraco	Fraco	Forte	Forte	Forte	Forte	Médio	Fraco
Cebola SC	Forte	Forte	Forte	Médio	Fraco	Fraco	Fraco	Fraco	Fraco	Fraco	Fraco	Médio
Cebola SP	Fraco	Fraco	Fraco	Fraco	Fraco	Fraco	Médio	Forte	Forte	Forte	Forte	Médio
Cebola estrangeira	Fraco	Fraco	Fraco	Médio	Forte	Forte	Fraco	Fraco	Fraco	Fraco	Fraco	Fraco
Coco Seco	Médio	Fraco	Forte	Médio	Fraco	Forte	Forte	Fraco	Médio	Médio	Fraco	Fraco
Milho de Pipoca Nacional	Fraco	Fraco	Fraco	Fraco	Fraco	Médio	Forte	Fraco	Médio	Médio	Fraco	Fraco
Milho de Pipoca Estrangeiro	Fraco	Médio	Médio	Forte	Forte	Forte	Fraco	Forte	Médio	Médio	Médio	Fraco
Ovos Brancos	Fraco	Fraco	Forte	Forte	Forte	Médio	Forte	Forte	Médio	Forte	Fraco	Médio
Ovos de Codorna	Médio	Médio	Médio	Médio	Médio	Fraco	Fraco	Médio	Forte	Forte	Fraco	Médio
Ovos Vermelhos	Médio	Forte	Forte	Fraco	Fraco	Médio	Fraco	Médio	Fraco	Forte	Médio	Fraco
Pinhão	Fraco	Fraco	Fraco	Médio	Médio	Forte	Fraco	Fraco	Fraco	Fraco	Fraco	Fraco

	Volume de comercialização		
Legenda	Fraco	Médio	Forte

Fonte: *Sazonalidade dos produtos comercializados no ETSP* (CEAGESP, s. d.).

1.5.3 DEPENDÊNCIA DE EVENTOS NATURAIS

Os produtos do agronegócio possuem acentuada dependência de eventos naturais, sejam eles climáticos, geofísicos ou biológicos.

Para o agronegócio, eventos naturais significativos são os fenômenos previsíveis ou aleatórios, não decorrentes de intervenção humana, com relevantes consequências na atividade agropecuária.

São exemplos desses eventos as estações climáticas, o regime de chuvas, as variações da temperatura e da umidade do ar, os vendavais, as tempestades de granizo, a estiagem, as inundações, as precipitações de neve, os tornados, os terremotos, as pragas e as epidemias,[21] mas também fenômenos mais complexos como El Niño, La Niña, a desertificação e o aquecimento global.

Mesmo com o avanço tecnológico ocorrido em várias áreas de atividade, como seleção de espécies, manipulação genética, uso de ambientes controlados, alimentação balanceada, desenvolvimento de vacinas sintéticas, correção do solo e aplicação de defensivos, a maior parte da produção agropecuária ainda depende de eventos naturais.

As principais consequências dessa dependência são: (a) falta de previsibilidade da oferta de produtos; (b) alteração da produtividade agropastoril; (c) variação da qualidade dos produtos; e, por fim, (e) instabilidade dos custos de produção e dos preços de mercado.

1.5.4 INCIDÊNCIA DE COMMODITIES

Outra característica dos produtos do agronegócio é que se constituem, em larga escala, de commodities.

Com base na definição de commodity, podemos depreender que uma commodity agropecuária é um bem comercializável de origem vegetal ou animal, padronizado, armazenável, usualmente de baixo valor agregado e transacionado em grandes quantidades.[22]

São exemplos de commodities do agribusiness o arroz em casca, o café em grão, o algodão em rama, o farelo de soja, o leite em pó, o açúcar cristal, o fumo em folha, o suco de laranja concentrado, o boi vivo, a carne de frango congelada e a pasta de celulose.

Os negócios mais expressivos de commodities costumam ser realizados pelas bolsas de mercadorias, a exemplo da Bolsa de Valores, Mercadorias e Futuros de São Paulo (antiga BM&F Bovespa, agora B3), brasileira, e as bolsas de Chicago (Chicago

---

21 HOFFMANN (1984, p. 2).

22 O *Oxford advanced learner's dictionary of current English* (HORNBY, 2008) define commodity como "um produto ou matéria-prima que pode ser comprado e vendido" (minha tradução), enquanto Krugman e Wells (2007, p. 556), em sua *Introdução à economia*, a conceituam como "um insumo padronizado comprado e vendido em grandes volumes".

Mercantile Exchange - CME) e Nova York (Intercontinental Exchange - ICE, New York Board of Exchange - Nybot, e New York Mercantile Exchange - Nymex), estas quatro últimas norte-americanas.

Segundo Marques,[23] os aspectos mais relevantes e que dão confiabilidade às operações nas bolsas de mercadorias são: (a) padronização do produto; (b) definição do local de entrega; (c) uniformização dos contratos; (d) pregão público; (e) sigilo da operação; (f) a garantia de cumprimento; e (g) disponibilidade de comissões de arbitragem.

As especificações técnicas da soja comercializada na B3 - Brasil, Bolsa, Balcão, constantes da Figura 1.2, denotam o cuidado existente com os atributos dos produtos por ela operados.

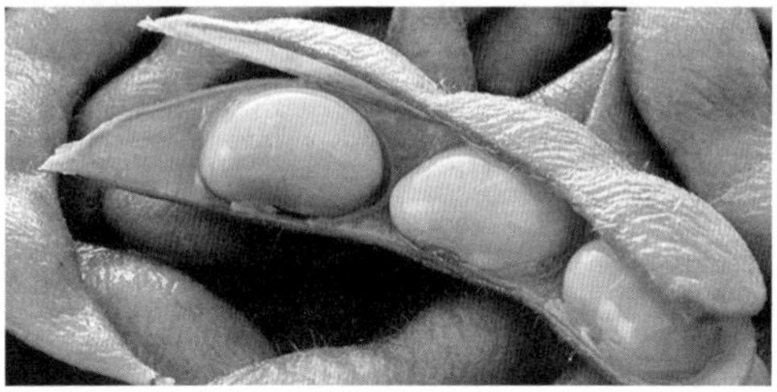

SOJA – Especificações técnicas
Soja em grão a granel tipo exportação, com os seguintes limites máximos: 14% de umidade; 1% de matérias estranhas e impurezas; 30% de quebrados; 8% de esverdeados; 8% de avariados, dos quais se permite até 6% de grãos mofados, até 4% de grãos ardidos e queimados, sendo que esse último não pode ultrapassar 1%; e 18,5% de conteúdo de óleo.

Figura 1.2 – Bolsa de mercadorias B3 – Brasil, Bolsa, Balcão.

Fonte: B3 (s. d.).

1.5.5 DEGRADAÇÃO E PERECIBILIDADE

A maior parte dos produtos de origem vegetal e animal, por serem compostos de matéria-prima viva altamente degradável e perecível, possui prazos e condições predeterminados para sua utilização, processamento, comercialização e consumo.[24]

Tais prazos - expressos em horas, dias ou meses - e condições não só recomendam a adoção de práticas *just in time* que reduzem os tempos de espera (*lead times*) como exigem a adoção de procedimentos que adicionam custos à cadeia produtiva da qual fazem parte.

Um exemplo dessas exigências são os limites de conservação do frango resfriado (72 h, temp. máx. 4° C) e do frango congelado (12 meses, temp. máx. -18° C).[25]

---

23 ZYLBERSZTAJN; NEVES (2000, p. 212-213)

24 Ver "Gerenciamento de sistemas agroindustriais: definições, especificidades e correntes metodológicas" (BATALHA, 2016, p. 41).

25 USDA/FSIS (2020).

Essas características dão origem a um alto índice de perda da produção agropecuária e agroindustrial, que acaba impactando fortemente nos custos e, indiretamente, nos preços praticados.

A Food and Agriculture Organization (FAO) da Organização das Nações Unidas estima que no mínimo 15% do alimento disponível na América Latina e Caribe é perdido ou desperdiçado. Deste total, 27% são perdidos na fase de produção rural, 22% na manipulação e armazenagem do produto, 17% na comercialização e distribuição, 6% no processamento industrial e os restantes 28% pelo consumidor final, conforme ilustra a Figura 1.3.

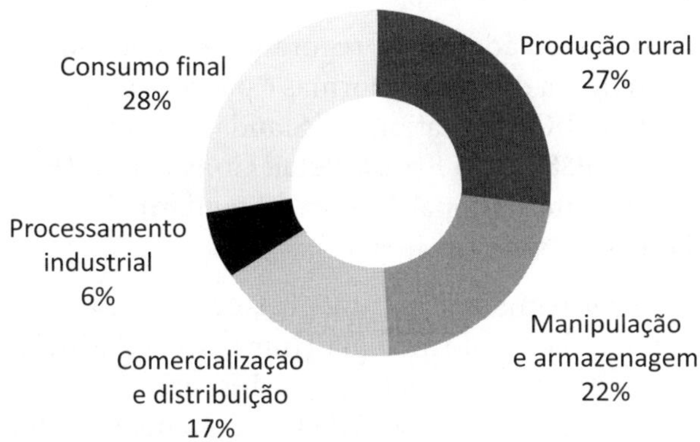

Figura 1.3 – Distribuição das perdas de alimentos (América Latina e Caribe).

Fonte: *Food losses and wastes in Latin America and the Caribbean* (FAO/ONU, 2014, p. 3).

1.5.6 EXIGÊNCIAS SANITÁRIAS E AMBIENTAIS

Por poderem apresentar inconformidades ou inadequações prejudiciais à saúde humana, animal e vegetal e à qualidade do meio ambiente – deformidades, infestações, contaminações, patologias, deteriorações, elementos estranhos ou poluentes e aditivos alimentares nocivos à saúde – os produtos do agronegócio são controlados por rígidos padrões físicos, químicos, biológicos, visuais e ambientais que cobrem desde a sua produção, acondicionamento, industrialização, armazenamento, transporte e comercialização até o seu descarte.

Segundo Spers, as ameaças à segurança dos alimentos mais percebidas pelo consumidor são: (a) deterioração e presença de microrganismos; (b) presença de defensivos; (c) embalagem imprópria; (d) presença de aditivos e químicos; (e) fraude; (f) manuseio e processamento inadequado; (g) poluição; (h) infestações/contaminações; (i) antibiótico; e (j) radiação.[26]

[26] Ver Spers, *Qualidade e segurança em alimentos* em ZYLBERSZTAJN; NEVES (2000, p. 289).

Tais ameaças tornaram necessária a execução de procedimentos de segurança alimentar em diferentes estágios e por distintos agentes da cadeia produtiva,[27] entre os quais:

- pelo próprio produtor rural assistido por veterinários, agrônomos, zootecnistas e técnicos agropecuários consubstanciando o que é chamado de Boas Práticas Agropecuárias (BPA);
- pelas empresas de transformação[28] por meio de seus sistemas de Gestão da Qualidade Total (GQT), Boas Práticas de Fabricação (BPF), Procedimentos Padrão de Higiene Operacional (PPHO), Avaliação de Riscos Microbiológicos (MRA), Análise de Perigos e Pontos Críticos de Controle (APPCC)[29] e Rastreabilidade do Produto;
- pelas agências certificadoras da segurança e qualidade dos alimentos, que atestam a aderência a diferentes normas e padrões de qualidade, entre as quais as da International Organization for Standardization (ISO), da Global Food Safety Initiative (FSSC), do British Retail Consortium (BRC), da Safe Quality Food (SQF), do International Featured Standard (IFS), da religião islâmica (Halal) e da religião judaica (Kosher).
- pelos órgãos governamentais pertinentes, dentre eles o Instituto Nacional de Metrologia, Qualidade e Tecnologia (Inmetro), a Agência Nacional de Vigilância Sanitária (Anvisa), o Serviço de Inspeção Animal do Ministério da Agricultura (SIF-MA), as Divisões de Inspeção de Alimentos de Origem Animal (Dipoa), os Serviços de Inspeção Municipal de Produtos de Origem Animal (SIM), os Postos de Fiscalização Sanitária e Fitossanitária (PFSF), os serviços aduaneiros de vigilância agropecuária (Unidades Vigiagro), o Instituto Brasileiro do Meio Ambiente e dos Recursos Naturais Renováveis (Ibama) e os órgão estaduais e municipais de controle do meio ambiente;
- pelos clientes, especialmente compradores nacionais de grande porte e importadores, por meio de inspeções "*in loco*", análises de laboratório e testes de conformidade em geral.

Como exemplos de exigências específicas que atingem os produtos de origem agropecuária, vale mencionar a certificação florestal, a rotulagem nutricional e as normas para exportação de produtos alimentícios para a União Europeia.[30]

---

27 Vários desses procedimentos encontram-se detalhados em *Agronegócio*: *gestão e inovação* (ZUIN; QUEIROZ, 2006, p. 209-215).

28 Ver Martins, *Gestão da qualidade agroindustrial* em BATALHA (2016, p. 503-585).

29 Segundo Spers em *Segurança do alimento* (ZYLBERSZTAJN; SCARE, 2003, p. 70), a própria U.S. Food and Drugs Administration, agência de controle da qualidade dos alimentos e medicamentos do governo norte-americano, aplica o APPCC (HACCP, em inglês) em seu programa de segurança alimentar.

30 BESSA (2016).

1.5.7 MATÉRIA-PRIMA ÚNICA

Assim como acontece com produtos de origem mineral, entre os quais os derivados de petróleo são o caso mais emblemático, muitos dos produtos de origem agropecuária derivam de uma única matéria-prima.

Uma amostra desse desdobramento de matéria-prima única são os mais de 70 derivados do processamento da cana-de-açúcar listados no Quadro 1.3.

Quadro 1.3 – Derivados da cana-de-açúcar

DERIVADOS DO CALDO
Álcool (etanol, anidro, isopropílico, gel, etc.); Açúcar (cristal, refinado, mascavo, invertido, etc.); Cachaça e rum; Álcool química; Alfa-amilase; Dextranase; Celulase; Xilanase; Levedura Saccharomyces; Levedura Torula; Levedura invertase; Mel protéico; Mel desidratado enriquecido; Levedura para consumo humano; Autolisado e derivados de leveduras; Produção de gordura a partir de leveduras; Méis para uso direto como alimento; Resíduos da colheita processados; Enriquecimento protéico de resíduos da colheita; L-lisina; Ácido cítrico; Ácido lático; Glutamato monossódico; Acetona-butanol; Ácido indol-acético; Bactérias fixadoras do nitrogênio, Azospirillum sp.; Ácido jasmônico; Giberilinas.
DERIVADOS DO BAGAÇO
Álcool (etanol, anidro, isopropílico, gel, etc.); Polpa quimiomecânica do bagaço; Polpa química para o papel; Polpa para dissolver; Polpa absorvente; Papel de jornal; Papel de impressão e de escrever de polpa quimiomecânica; Papel de impressão e de escrever de polpa química; Papéis estucados com polpas química e quimiomecânica; Meio para corrugar; Carboximetilcelulose; Celulose microcristalina; Pó de celulose; Meios filtrantes; Fármacos a partir da lignina do bagaço; Produtos moldados de bagaço; Tabuleiros de partículas de bagaço; Tabuleiros de fibras de bagaço; Tabuleiros ou painéis com aglutinantes; Tabuleiros de fibras de densidade média (MDF); Furfurol; Resina de furfurol acetona; Resina para fundição; Primário anticorrosivo furano-asfáltico; Fármacos nitrofurânicos; Álcool furfurílico; Resina de álcool furílico; Carvão ativado; Bagacilho hidrolisado; Bagacilho pré-digerido; Bagacilho pré-digerido com cal (Predical).
OUTROS DERIVADOS
Dextrana; Xantana; Sorbitol; Glicerol; Cerarefinada de torta; Fitoesteróis a partir de óleo de torta; Conservação de resíduos da colheita; Fungos comestíveis (cogumelos); Antifúngico foliar a partir de pseudomonasspp.; Esporos de Trichoderma harzianum p/ contr. biol.
RESÍDUOS
Vinhaça; Vinhoto concentrado de resíduos alcoólicos; Biogás de resíduos; Águas residuais para fertilização e irrigação.

Fonte: *Valorization of food processing by-products* (CHANDRASEKARAN, 2013, p. 415-449); *Derivados da cana-de-açúcar* (UFRGS, s. d.).

Em consequência dessa origem única, a determinação do custo e da rentabilidade de seus derivados torna necessário o uso de técnicas pouco comuns de custeio, como o cálculo reverso, o custeio do custo conjunto e o custeio de subproduto, que são abordadas no Capítulo 5.

1.5.8 CICLOS PRODUTIVOS ALONGADOS

A atividade agropecuária dentro da porteira também se caracteriza, muito frequentemente, por ciclos de produção ininterruptos e mais longos do que os encontrados em outras áreas de atividade.

Esses ciclos de produção dependem basicamente dos ciclos de vida de cada espécie vegetal ou animal e das estações climáticas a que elas estão sujeitas.

Alguns exemplos desses ciclos alongados são:

- a cultura do arroz, que atinge, em média, 130 dias;[31]
- a criação de frangos para abate, que dura, em média, 46 dias; e quando considerado o tempo de incubação do ovo para produção do pinto de corte, o prazo se estende para 67 dias.[32]
- a produção do eucalipto para a extração de celulose, que exige de 6 a 8 anos.[33]

Tais prazos têm como consequências (a) o retardamento do retorno do investimento; (b) o risco de intercorrências climáticas e biológicas; e (c) o aumento da incerteza quanto aos custos de produção e preços de comercialização.

1.6 A RELEVÂNCIA DO MEIO AMBIENTE

O agronegócio tem um especial interesse no meio ambiente. Esse interesse advém não só em razão de sua produção depender dos recursos naturais disponíveis, mas também pelo fato de as condições ambientais gerarem custos que podem tornar a atividade agropastoril muito competitiva, pouco competitiva ou até mesmo inviável.

Fenômenos como assoreamento, desertificação, falta ou excesso de chuvas, poluição do solo, das águas e do ar, calor ou frio excessivos, vendavais, ocorrência de geada e granizo, surgimento e proliferação de pragas e epidemias e extinção de inimigos naturais e predadores – em parte vinculada à ação antrópica – só fazem crescer a conscientização e a responsabilidade ambiental do produtor rural.

---

31 OLIVEIRA NETO (2015).

32 PIQUETTI *et al.* (2018).

33 LIMA FILHO; AGUIAR; TORRES (2014, p. 19-20).

Segundo dados publicados pelo IHE – Institute for Water Education da Unesco e pela revista *Ecological Economics*, em nosso país são necessários cerca de 19.500 litros de água para produzir um quilograma de carne bovina[34] e 22.530 litros para produzir um quilograma de café torrado.[35] Essas grandezas dão uma boa dimensão da importância de apenas um dos elementos da natureza – água, em abundância e de boa qualidade – para a atividade rural.

[34] MEKONNEN; HOEKSTRA (2010, p. 27).

[35] CHAPAGAIN; HOEKSTRA (2007).

CAPÍTULO 2
O *pricing*

O preço é o elemento mais manipulado do composto de marketing.

O. C. Ferrell e M. D. Hartline

2.1 O CONCEITO DE *PRICING*

Pricing, apreçamento ou precificação é o ato de definir o preço de um produto ou serviço.[1]

2.2 A FUNÇÃO DO *PRICING*

A função principal do *pricing* é definir os preços de venda de forma a viabilizar as negociações, impulsionar as vendas e maximizar a contribuição de cada bem ou serviço ofertado para o resultado econômico-financeiro de seu ofertante.

---

[1] Para o *Oxford advanced learner's dictionary of current English* (HORNBY, 2008), *pricing* é "the act of deciding how much to charge for something".

Tal propósito decorre do pressuposto de que, em um regime de livre concorrência, todos os agentes econômicos tentarão maximizar seus lucros ou minimizar suas perdas.[2]

Para uma multinacional que atua na área de material escolar e de escritório, o analista de *pricing* possui as seguintes atribuições:

Atribuições do analista de *pricing*

- Cadastrar e manter as tabelas de preços de todos os segmentos de mercado da empresa.
- Analisar indicadores de preço e rentabilidade visando assegurar o desenvolvimento e controle das estratégias e planos comerciais.
- Controlar métricas e identificar tendências, estabelecendo, mantendo e atualizando os registros de preços de acordo com as estratégias de canal de vendas, clientes e categorias.
- Elaborar análises de *back pricing* e preparar relatórios de recomendação baseados nos cenários de mercado e concorrência indicando os efeitos da precificação, as políticas entre as regiões e clientes e seus impactos para o consumidor final.

Fonte: Indeed.com (s. d.).

Por sua vez, para uma das maiores empresas globais de alimentos, as responsabilidades de seu gestor de preços e promoções estratégicas estão assim definidas:

Responsabilidades do gerente de preços e promoções estratégicas

- Ajudar a definir os preços e as estratégias e táticas promocionais, monitorar sua implementação e avaliar de forma contínua seu desempenho.
- Desenvolver recomendações de preços (propostas e impacto) com base em análises de volume, margem e competitividade para a Equipe de Gestão de Receitas Estratégicas dentro do processo de precificação, geração de listas de preços e discussões das políticas aplicáveis.
- Assegurar a testagem e a implementação das diretrizes de preço nacionais e regionais.

[2] De acordo com Lovelock, Wirtz e Hemzo (2011, p. 170) e também Levenson e Solon (1973, p. 161), dentro de certos limites, as empresas com fins lucrativos visam maximizar suas receitas, contribuições e lucros de curto e longo prazo.

- Expor e oportunizar a discussão das recomendações de preços junto a diferentes grupos multifuncionais da empresa.
- Utilizar dados operacionais e financeiros internos e de consumo de mercado para criar análises, relatórios e feedback orientados para resultado envolvendo os principais produtos e categorias de produtos.
- Construir ferramentas dinâmicas que capacitem os clientes a tomar boas decisões sobre preços e promoções.
- Dar suporte para a construção de metas financeiras dos preços e conduzir a discussão sobre a colaboração para atingimento dessas metas.

Fonte: Indeed.com (s. d., minha tradução).

Nas duas funções mencionadas – analista de *pricing* e gerente de preços e promoções estratégicas –, exige-se conhecimento das áreas de custos e marketing. Isso acontece porque convém que as recomendações de preços sejam feitas por um profissional com experiência na área comercial ou de marketing e com conhecimento ou devidamente assessorado por outro com domínio de controladoria e custo por produto. Tal conjunto de conhecimentos constitui a base para boas decisões de preço, como veremos nos capítulos que seguem.

Para suprir tamanho nível de exigência, em algumas organizações a função de precificação é entregue a um comitê, composto, por exemplo, por um diretor de marketing, um gerente de vendas e um *controller*. Todavia, de praxe, somente grandes organizações possuem uma área de *pricing* destacada das demais.[3]

A despeito dessas orientações organizacionais, existem algumas exceções. Uma empresa monopolística pode prescindir da figura de um profissional de *pricing*, sendo suficiente, neste caso, um especialista em custo por produto. Outras detêm privilégios que lhes garantem o atendimento exclusivo de determinados clientes ou demandas, tornando desnecessária a participação desse tipo de profissional. Existem, ainda, ofertantes que o dispensam por utilizarem softwares de precificação dinâmica inteligente que calculam o preço de venda em função de uma margem ideal, das ofertas concorrentes e dos negócios fechados.[4]

2.3 O IMPACTO DA VARIAÇÃO DO PREÇO

O preço é uma das principais variáveis do composto mercadológico de um ofertante.

---

[3] Ver *Administração de marketing* (KOTLER; KELLER, 2018, p. 509).

[4] Ver, a esse respeito, *Apreçamento dinâmico na internet* (LOVELOCK; WIRTZ; HEMZO, 2011, p. 175).

A grande importância do preço decorre, em última análise, de seu peso na determinação da rentabilidade das operações comerciais e do ingresso e desembolso financeiro de vendedores e compradores, sejam eles indivíduos ou organizações.

Kotler e Keller, exagerando, chegam a afirmar que o preço é o único elemento do composto de marketing que produz receita, enquanto os outros só geram custos.[5] Porém, a bem da verdade, é o esforço bem-sucedido de venda de certa quantidade de algo a um determinado preço que gera receita, e não o preço por si só.

Para demonstrar a relevância do preço na formação do lucro do ofertante, a Tabela 2.1 apresenta o resultado do aumento de 1% no preço de venda de um produto sobre o lucro por ele gerado.

Tabela 2.1 – Efeito sobre o lucro do aumento de 1% no preço de venda

Variável	Antes	Depois	Observação
Preço de venda	R$ 10,00	R$ 10,10	acréscimo de 1% no preço
Quantidade vendida	1.000	1.000	
Receita gerada	R$ 10.000,00	R$ 10.100,00	
Custo unitário	R$ 9,70	R$ 9,70	
Custo total	R$ 9.700,00	R$ 9.700,00	
Lucro obtido	R$ 300,00	R$ 400,00	acréscimo de 33,3% no lucro

Fonte: adaptada de *Marketing management* (KOTLER; KELLER, 2016, p. 436).

Como se pode ver, o aumento de 1% no preço do produto – *et ceteris paribus*, isto é, mantidos os custos e volumes anteriores a esse aumento – resultaria em um acréscimo de 33,3% no lucro de seu ofertante.

Uma pesquisa baseada no resultado médio de 2.463 empresas do conjunto da Compustat[6] confirmou essa relevância ao calcular o impacto da melhoria de 1% nas variáveis preço, custo variável, quantidade e custo fixo no lucro operacional dessas empresas, como mostra a Figura 2.1.

---

5 Ver *Administração de marketing* (KOTLER; KELLER, 2018, p. 506).

6 Compustat Financial é um banco de dados de informações financeiras e de mercado globais da S&P Global Inc. norte-americana.

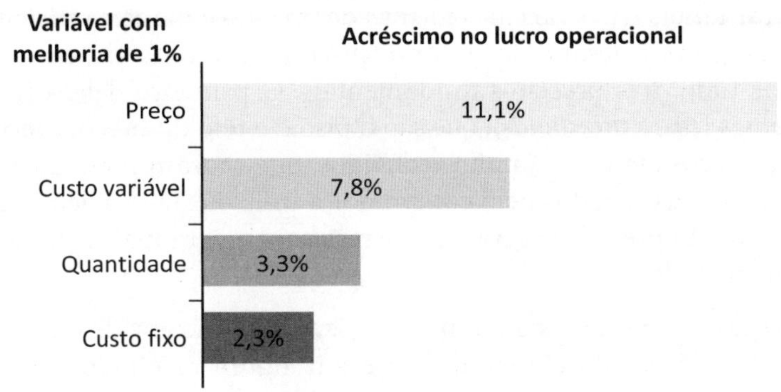

Figura 2.1 – Impacto do acréscimo de 1% em algumas variáveis operacionais.

Fonte: adaptada de *Managing price, gaining profit* (MARN; ROSIELLO, 1992).

Ou seja, nelas, um aumento de 1% em seus preços de venda resultaria em um acréscimo de 11,1% em seu lucro operacional; a redução de 1% no custo variável dos itens vendidos acrescentaria 7,8% a esse lucro; o aumento de 1% nas quantidades vendidas daria origem a um aumento de 3,3% em seu resultado; e o decréscimo de 1% no custo fixo no mesmo período ocasionaria um incremento de 2,3% nessa rentabilidade.

Outra pesquisa, mais recente, publicada pela McKinsey Consulting cobrindo as 1.200 maiores empresas de capital aberto, mostrou que um acréscimo de um ponto percentual em seus preços médios levaria a um aumento de 8,7 pontos percentuais em seus lucros operacionais.[7]

Decorre daí a crucial importância do preço para as operações do ofertante.

2.4 O DESAFIO DO *PRICING*

No dia a dia de uma empresa, a pressão sobre os preços é constante.

De um lado estão seus dirigentes, representando os sócios controladores e acionistas em geral, exigindo metas mínimas de faturamento e rentabilidade. Do outro, seus agentes de venda e clientes, pressionando por preços mais "acessíveis", bonificações em produto, frete pago, prazos de pagamento ampliados e descontos no pagamento do respectivo boleto, entre outros.

Isso sem contar a gana dos competidores, sempre dispostos a abocanhar uma fatia de seu mercado, e as limitações legais existentes, a exemplo das referidas pelo Código de Defesa do Consumidor e pelas leis em defesa da concorrência.[8]

---

7 BAKER; MARN; ZAWADA (2010).

8 Código de Defesa do Consumidor (Lei n. 8.078, BRASIL, 1990b), Lei Antitruste (Lei n. 8.884/94, BRASIL, 1994) e Lei de Defesa da Concorrência (12.529/11, BRASIL, 2011b).

Administrar tantas e tão variadas formas de pressão e manter satisfeitas as partes relacionadas é o grande desafio do gestor de *pricing*. Para vencê-lo, ele deverá ter presente, antes de tudo, três preceitos fundamentais. O primeiro deles diz respeito aos limites existentes (*price thresholds*), que são o piso e o teto do preço. Preços inferiores a seu piso são preços aviltados, muito reduzidos, que causam prejuízo ao ofertante e com frequência são associados pelo comprador a uma oferta problemática. Já preços acima de seu teto são preços exagerados que resultam na gradual exclusão do produto ou serviço do mercado.[9]

Entre esses dois extremos estão os preços aceitáveis, ou zona de lucro (*profit zone*), que têm a concordância do comprador e geram algum resultado para o ofertante, como ilustra a Figura 2.2.

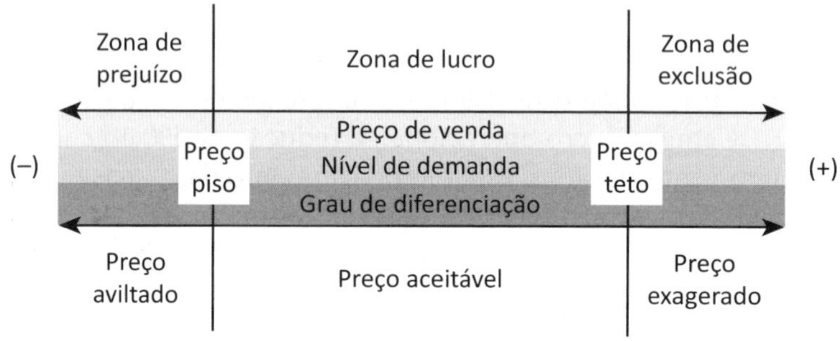

Figura 2.2 – Limites do preço.

Fonte: adaptada de Kotler e Keller (2018, p. 522).

Tanto o preço aviltado como o preço exagerado podem ser praticados excepcionalmente ou como parte de uma estratégia mais ampla que contemple compensações, presentes ou futuras, ao ofertante ou ao comprador por sua aceitação. Porém, via de regra, no longo prazo ambos são nocivos tanto ao ofertante como ao comprador.

O preceito seguinte nos lembra de que os preços variam de acordo com o nível de demanda e o grau de diferenciação da oferta

Nível de demanda nesse caso significando a relação entre oferta e demanda do objeto de venda e grau de diferenciação da oferta, as vantagens competitivas que os produtos e serviços têm a oferecer a seus clientes ou singularidades da oferta pelas quais os compradores estão dispostos a pagar[10] – como também ilustra a mesma Figura 2.1.

Trocando em miúdos, este preceito quer dizer que:

a) A polpa de celulose cuja procura é maior que a oferta passa a ter seu preço acrescido. E vice-versa.

---

9 Ver *Market oriented pricing: strategies for management* (MORRIS; MORRIS, 1992, p. 61).

10 PORTER (1990, p. 2).

b) O abacaxi mais doce e de maior tamanho – por ser mais saboroso e gerar proporcionalmente maior aproveitamento da polpa – tenderá a obter maior valor de mercado que seus concorrentes. Da mesma maneira, o couro bovino sem marcas de carrapato, marcação a ferro em lugares indevidos e cicatrizes de ferimentos em cercas com arame farpado, arbustos espinhosos ou pelo manejo com ferrões será mais bem apreciado pela indústria coureiro-calçadista.

Já o terceiro e não menos importante preceito dispõe que não existem preços fixos ou condições definitivas. Cada mercado, situação, cliente ou período de comercialização pode exigir um preço ou condição de negociação diferente, tornando necessário o uso de preços e termos a eles adequados, como expõe o texto a seguir.

Preços flexíveis

De modo geral, as empresas não determinam um preço único, mas elaboram uma estrutura de determinação de preços que reflete variações geográficas na demanda e nos custos, exigências de segmento de mercado, oportunidades de compra, níveis de pedido, frequência de entrega, garantias, contratos de serviço e outros fatores.

Fonte: Kotler e Keller (2018, p. 529).

O uso dessa estrutura de preços discriminados (*pricing structure*)[11] é conveniente não só em função das condições externas, de mercado, mas também pela relevância do preço para geração da receita, do lucro, do fluxo de caixa e do nível de atividade do ofertante – afora o impacto psicológico que o sucesso ou o fracasso das negociações causam nas equipes envolvidas.

Além da observância a esses preceitos, também a ideia de, sempre que possível, maximizar o resultado utilizando preços elevados precisa, como veremos no tópico que trata das políticas de preços, ser devidamente contextualizada. Todo gestor experiente sabe que preços descomedidos e margens exageradas, ainda que factíveis, abrem espaço para investidas da concorrência. Isso quando não são os próprios clientes que, ressentidos com os preços exorbitantes que foram obrigados a aceitar em épocas de escassez e falta de alternativa, resolvem fechar parcerias com outros fornecedores.

Já no que concerne a preços mais competitivos, às vezes o gestor de *pricing* terá que ceder, outras não. Se, por um lado, concordar com preços reduzidos pode pôr em risco a margem de rentabilidade do ofertante, por outro pode propiciar a conquista de novos clientes, viabilizar a venda de uma linha de produtos ou diluir custos fixos, e, no final das contas, melhorar a rentabilidade do negócio.

---

[11] Para Morris e Morris (1992, p. 23), a estrutura de preços deve definir o que, quanto e como cobrar por cada produto ou serviço e de cada tipo de cliente.

Ademais, mesmo respeitando tais diretivas e por mais pesquisas e cálculos que se façam, é necessário ter presente que o ato de precificar costuma incorporar um alto nível de incerteza, haja vista que decisões de preço não passam de apostas que um gestor precisa fazer.

A esse propósito, é oportuno lembrar a observação de Thomas T. Nagle, John E. Hogan e Joseph Zale, autores de *Estratégias e táticas de preços: um guia para decisões lucrativas*. Nela, os autores afirmam ser o *pricing* um jogo, assim como definido pela teoria dos jogos, pois o sucesso de um ofertante depende não apenas das próprias decisões, mas também de como clientes e concorrentes reagem aos efeitos a que elas dão origem.[12] Daí a importância de existirem diretrizes de precificação que orientem os agentes comerciais e demais operadores de preços, assim como de quem zele por elas. Caso contrário o *pricing* acabará refém de preferências pessoais, pressões circunstanciais e propósitos divergentes dos interesses maiores do ofertante.

2.5 AS DIRETRIZES DO *PRICING*

A precificação não é um ato soberano do gestor de *pricing*, pois depende, além das demais variáveis que abordaremos, das diretrizes do ofertante.

As diretrizes do ofertante que orientam a prática de preços – sejam elas explícitas ou implícitas – podem ser divididas em quatro níveis decisórios. O primeiro deles, e básico, é o planejamento empresarial; subordinada a ele, a estratégia de marketing; a seguir, a política de preços; e, por fim, as táticas de preços.

A par dessa subordinação hierárquica, para sua maior eficácia, cada um desses níveis decisórios deve ter uma orientação predominante, como sugere a Figura 2.3.

A orientação predominante do planejamento empresarial deve ser o lucro, pois é ele que permite remunerar os donos do capital e garantir a sobrevivência do negócio. A orientação principal da estratégia de marketing deve ser o cliente, pois é dele que advém tanto a receita como o lucro do ofertante. A orientação da política de preços deve ser o valor percebido pelo cliente, por ser esse direcionamento que aumenta a eficácia dos preços praticados. E a orientação das táticas de preços deve ser o sucesso das negociações, pois são elas que proporcionam a captura dos valores propostos.

Os três primeiros níveis decisórios determinam os objetivos maiores que o *pricing* deve perseguir e as linhas de conduta a serem adotada. O último nível – as táticas de preços – estabelece o valor e as condições pelos quais que cada item pode e deve ser negociado.[13]

---

12 NAGLE; HOGAN; ZALE (2010, p. 245).

13 Seguindo essa mesma linha, Marn e Rosiello (1992) referem-se às táticas de preço como o nível em que o preço de cada transação é estabelecido "com base em um preço de referência e nos prazos, descontos, concessões, abatimentos, incentivos e bonificações a serem concedidos". Neste caso se trata de um artigo sem paginação.

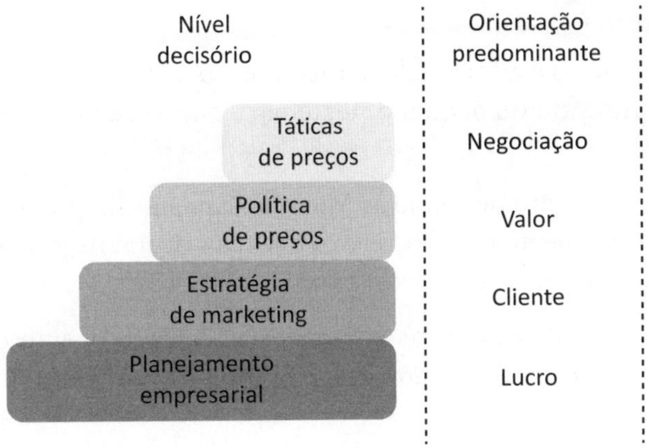

Figura 2.3 – Diretrizes do *pricing*.

Fonte: adaptada de *Estratégias e táticas de preços: um guia para decisões lucrativas* (NAGLE; HOLDEN, 2003, p. 145).

É dessas diretrizes que trataremos a seguir.

2.5.1 PLANEJAMENTO EMPRESARIAL

O planejamento empresarial é o instrumento de gestão que estabelece um plano articulado de atuação do ofertante voltado primordialmente para a lucratividade das operações e retorno para o acionista, mesmo assim sem excluir a responsabilidade social e ambiental da organização.

Segundo Mintzberg o planejamento é definido como "um procedimento formal para produzir um resultado articulado, na forma de um sistema integrado de decisões". Para Snyder e Glueck ele constitui-se das "atividades que estão interessadas especificamente em quais ações e/ou recursos humanos e materiais são necessários para atingir uma meta, o que inclui identificar alternativas, analisar cada uma delas e selecionar as melhores".[14]

Por isso mesmo o plano de ação por ele gerado deve conter os objetivos (metas) a serem perseguidos, os meios (recursos) a serem utilizados e as ações (procedimentos) a serem desenvolvidas, em um determinado período de atividade.

Existem vários tipos de planos de ação. Os mais conhecidos são o plano de negócios, o orçamento empresarial e o plano estratégico empresarial.

[14] *Ascenção e queda do planejamento estratégico* (MINTZBERG, 2007, p. 24 e 26).

Plano de negócios

O plano de negócios é a forma de planejamento utilizada por empresas majoritariamente iniciantes ou de pequeno porte para alavancar suas operações e atrair investidores.

Para o Serviço Brasileiro de Apoio às Micro e Pequenas Empresas – Sebrae, o plano de negócios é um documento que descreve os objetivos de um negócio e quais passos devem ser dados para que esses objetivos sejam alcançados.[15]

Bastante sintético, ele prioriza as atividades essenciais do empreendimento (*core activities*) e é direcionado para demonstrar sua evolução e comprovar sua viabilidade econômico-financeira.

Em função da escassez de dados históricos do empreendimento, a formulação deste tipo de plano depende muito dos dados de mercado. Também costuma enfatizar aspectos qualitativos dos empreendedores e da atividade em si não necessariamente mensuráveis e cobrir somente de três a cinco anos futuros.

Orçamento empresarial

O orçamento empresarial, por sua vez, é complexo e detalhado, abrangendo com frequência vários exercícios fiscais. Em algumas empresas ele é dividido em operacional, financeiro e de investimento.

Referindo-se ao papel desse instrumento, Drucker lembra que os objetivos empresariais precisam ser equilibrados e que a definição e equilíbrio desses objetivos pode exigir o uso do orçamento empresarial, especialmente em se tratando de despesas correntes e de capital.[16]

Dada à sua natureza, as peças orçamentárias contemplam somente variáveis quantificáveis, majoritariamente monetárias e quanto maior e mais antigo o empreendimento orçado, maior o peso de seus dados históricos internos comparativamente aos dados fornecidos pelo mercado.

Plano estratégico empresarial

O planejamento estratégico é o processo de (a) tomar decisões envolvendo riscos com base no maior conhecimento possível do futuro, (b) promover a organização das atividades necessárias ao alcance dos objetivos propostos e, através de uma retroalimentação organizada, (c) aferir o resultado dessas decisões em confronto com as expectativas por elas firmadas.[17]

---

15 *Como elaborar um Plano de Negócios* (SEBRAE, 2013).

16 *Management: tasks, responsibilities, practices* (DRUCKER, 1986, p. 86)

17 *Introdução à administração* (DRUCKER, 1998, p. 136).

Por ser estratégico, assim como o plano de negócios, ele prioriza os aspectos essenciais do empreendimento ou fatores críticos de sucesso, de modo especial as questões mercadológicas, de lucratividade e de atendimento das demandas previstas.

Não obstante tal enfoque, ele tende a ser mais complexo e detalhado que o plano de negócios, porém menos específico que o orçamento empresarial.

Quer cobrindo um ou mais exercício, alguns ainda o dividem em estratégico, tático e operacional.

Outra particularidade é que para ser mais eficaz ele deve contemplar tanto aspectos quantitativos como qualitativos das operações do ofertante, estes últimos, mensuráveis.

Das três opções de planejamento citadas, o plano estratégico empresarial se mostra mais indicado para orientar a prática de preços do ofertante, daí o conteúdo a seguir.

2.5.1.1 Conteúdo do plano estratégico empresarial

O plano estratégico empresarial pode ter diferentes conteúdos. Não existe um padrão estabelecido ou um modelo ideal.

A despeito disso, para preencher sua função de orientar, é imprescindível que ele responda de forma adequada as questões *o que*, *quando, quanto* deve ser feito e *como* fazê-lo.

Para tanto, além de uma introdução discorrendo sobre os propósitos do plano, as premissas sobre as quais foi desenvolvido e os principais desafios a serem vencidos, é conveniente que ele contenha:[18]

1. Quanto à linha de produtos e serviços

Composição, custo unitário, ajustes e lançamentos previstos.

2. Quanto à receita

Vendas por categoria de produto, segmento de mercado, canal de venda e tipo de transação, com preços e margens de rentabilidade unitárias e totais, prazos de pagamento e volumes de devolução.

---

[18] Em se tratando de plano de negócios em geral, Dornelas sugere que ele contenha: (1) Sumário executivo, (2) Conceito do negócio, (3) Mercado e competitividade, (4) Equipe de gestão, (5) Produtos e serviços, (6) Estrutura e operações, (7) Marketing e vendas, (8) Estratégias de crescimento, (9) Finanças e (10) Anexos (DORNELAS, 2011, p. 16).

3. Quanto aos canais de venda

Composição, cobertura, custo, estímulos e alterações previstas.

4. Quanto ao esforço promocional

Ações promocionais agendadas, verbas alocadas e retorno estimado.

5. Quanto à produção e entrega

Volumes de produção, qualidade dos produtos, prazos de entrega, nível de estoques e melhorias previstas.

6. Quanto às compras e estoque

Insumos críticos, volumes, custos e alternativas de suprimento.

7. Quanto às finanças

Volume de capital de giro e investimentos previstos, origem e aplicação dos recursos, lucro sobre o capital, sobre a receita auferida, por origem e por período, custo financeiro e inadimplência.

8. Quanto à tecnologia

Estado atual, avanços previstos e investimentos programados.

9. Quanto aos recursos humanos

Quadro de colaboradores, custo direto e indireto, responsabilidades e ajustes prováveis.

10. Quanto aos estratagemas

Planos, estratégias, políticas e táticas de ação.

Ao mesmo tempo deve-se ter em conta que, dependendo do tipo de empreendimento e dos propósitos de seus dirigentes, algumas dessas informações poderão ser excluídas, enquanto outras, acrescentadas. O fundamental é que o plano demonstre quais as expectativas de desempenho existentes e como esse desempenho será avaliado.

2.5.1.2 Vícios de origem do planejamento

Por conter decisões cruciais, o planejamento estratégico deve vir cercado de precauções, notadamente quanto aos vícios de origem[19] comentados a seguir.

1. O plano é uma "camisa de força"

Por ser rígido e detalhado, o plano engessa as atividades operacionais não permitindo iniciativas além das previstas e tolhendo a criatividade e a capacidade de improvisação de seus colaboradores.

2. O plano é excessivamente flexível.

Neste caso a falha está em suas metas poderem ser adaptadas às facilidades ou dificuldades surgidas. Isto é, quando a performance da empresa é ruim, suas metas são reduzidas; quando ela é boa, suas metas são ampliadas.

Essa particularidade transforma o plano elaborado em um documento burocrático, inútil para promover melhorias e avaliar desempenhos.

3. O plano é construído "de cima para baixo".

Um plano construído "de cima para baixo" é aquele em que a cúpula da empresa é que toma as decisões nele contidas sem negociá-las com suas bases operacionais – comercial, produção, compras, finanças, tecnologia e recursos humanos.

Com isso, além de levarem ao baixo envolvimento da equipe, quando as metas não são alcançadas seus membros alegam que são irreais e não foram consultados a seu respeito.

4. O plano é construído "de baixo para cima".

Um plano construído "de baixo para cima" quer dizer baseado em informações fornecidas pelo pessoal operacional – equipes de vendas, produção, compras, finanças, tecnologia e recursos humanos da empresa.

Nessa hipótese é comum que as metas sejam subestimadas, fáceis de serem superadas, não representando a capacidade efetiva da empresa e o potencial do mercado em que ela opera.

5. O desempenho da empresa é superestimado

Planos contendo desempenhos superestimados, maiores que a capacidade da empresa, são fontes de estresse, conflitos e condutas indevidas.

[19] A esse respeito ver MINTZBERG (2007, p. 138-182)

Algumas dessas condutas são a maquiagem dos números, a antecipação do faturamento e a postergação de despesas. Todos esses procedimentos distorcem o verdadeiro desempenho da organização e sabotam os propósitos do planejamento.

6. O plano não contém desafios.

Neste caso o plano é montado com base nos dados histórico da empresa, não contemplando desafios e estímulos a uma melhor performance.

Assim fazendo a empresa deixa de aproveitar seu potencial e oportunidades de mercado e dá espaço para que seus concorrentes o façam.

7. As metas qualitativas deixam a desejar

Um bom plano contém, também, metas qualitativas. Entretanto, mesmo as tendo, elas podem ser insuficientes ou imensuráveis.

Enunciados do tipo "a equipe de vendas atuará agressivamente", "o atendimento aos clientes será priorizado" e "a qualidade dos produtos será melhorada" que não esclarecem como tais propostas serão viabilizadas e aferidas tendem a torná-las pouco eficazes.

2.5.2 ESTRATÉGIAS DE MARKETING ORIENTADAS PARA O CLIENTE

Uma estratégia de marketing orientada para o cliente é uma linha de ação articulada e de certa envergadura, envolvendo as variáveis mercadológicas controláveis, com o objetivo de satisfazer necessidades e desejos do mercado comprador e consumidor da forma mais rentável possível.[20]

No que tange à sua envergadura, as estratégias de marketing podem ser amplas ou limitadas. Uma estratégia de ampla envergadura é aquela que envolve todas ou quase todas as variáveis mercadológicas controláveis – composto de produto, canais de distribuição, força de vendas, preço e demais condições de negociação e publicidade e promoção de vendas. Uma estratégia de limitada envergadura se ocupa de uma ou de apenas algumas variáveis e de alguns aspectos delas, a exemplo do composto produto-preço.

Na Figura 2.4 estão dispostas algumas das principais estratégias de marketing de ampla e limitada envergadura, orientadas para o cliente, com forte impacto nos preços praticados.

---

[20] Nagle, Hogan e Zale (2010, p. 5) definem estratégia como "a coordenação de atividades independentes para alcançar um objetivo comum".

As estratégias de ampla envergadura são (a) imitação, (b) diferenciação, (c) diversificação, (d) segmentação, (e) enfoque, (f) competição via preços e (g) valorização da oferta. Já como de limitada envergadura foram consideradas (a) melhoria do produto, (b) melhoria dos serviços, (c) desintermediação, (d) exploração de efemeridades, (e) atenuação do impacto financeiro, (f) redução do custo do ciclo de vida e (g) treinamento da equipe.

Figura 2.4 – Estratégias de marketing orientadas para o cliente.

2.5.2.1 Estratégias de marketing de ampla envergadura

Em relação as estratégias de marketing de ampla envergadura orientadas para o cliente expostas na Figura 2.4, cabe comentar:

a. Imitação

Nesta estratégia o ofertante opta por replicar o composto de marketing de seus concorrentes, o que inclui seus produtos e serviços, desde que não protegidos por direitos de propriedade (patentes, direitos autorais, direitos de imagem, entre outros), que impeçam que ele o faça.

Schnaars, parafraseando Theodore Leavitt, assim se refere a essa opção:

Estratégia de imitação

A imitação não é apenas mais frequente do que a inovação, é na verdade um caminho predominante para o crescimento e a geração do lucro das empresas. Eu gostaria de poder reivindicar o crédito por essa observação perspicaz, mas ela foi feita pela primeira vez há mais de 25 anos por Theodore Levitt, o famoso professor de Harvard. Eu simplesmente parafraseio sua declaração original porque a ideia que ela transmite é tão aplicável hoje como era então. A imitação ainda é mais comum que a inovação, e permanece sendo uma estratégia de marketing viável.

Fonte: Managing imitation strategies: how later entrants seize markets from pioneers (SCHNAARS, 2002, p. 10, minha tradução).

Um exemplo corriqueiro dessa estratégia são os fabricantes de refrigerantes que imitam os produtos e as iniciativas das empresas e marcas mais famosas e com melhor aceitação, como Coca-Cola, Pepsico e Ambev.

b. Diferenciação

Na estratégia de diferenciação o ofertante opta por agregar vantagens competitivas a seus produtos e serviços, com implicações em todo o seu composto de marketing, de forma a melhor posicioná-los junto a seus compradores potenciais e em relação a seus concorrentes.[21]

O texto a seguir serve para lembrar os primórdios da diferenciação no mercado norte-americano.

Pioneirismo na diferenciação

O pioneirismo na diferenciação de um produto no mercado norte-americano é atribuído por muitos à National Biscuit Company, que, no final do século XX, "lançou um produto denominado Uneeda Biscuits e, desse modo, relegou a um nostálgico ostracismo a velha barrica de bolacha das pequenas e anônimas confeitarias".

Fonte: Preços e mercados (DORFMAN, 1969, p. 147).

---

21 Ver Ferrell e Hartline (2011, p. 209) e Porter (1996).

Para Kotler, a diferenciação de um ofertante é feita por meio das variáveis produto, serviços, pessoal, canal e imagem.[22]

Seguindo esse raciocínio, a diferenciação de um tempero para alimentos poderia se dar mediante (a) sabor e rendimento característicos; (b) eficiente serviço de vendas e entrega; (c) equipe de atendimento cortês e confiável; (d) produtos bem expostos nos pontos de venda; e (e) inserções publicitárias na mídia regional, conforme dispõe a Figura 2.5.

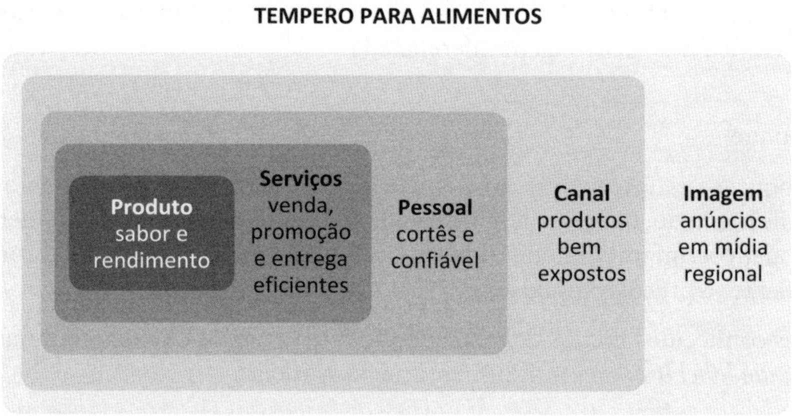

Figura 2.5 – Estratégia de diferenciação da oferta.

Fonte: adaptada de *Administração de marketing* (KOTLER, 1998, p. 255).

c. Diversificação

Na estratégia de diversificação, o ofertante expande seu mix de oferta e seu *modus operandi* de maneira a atender a outras necessidades e oferecer maior possibilidade de escolha a seus compradores,[23] além de melhor aproveitar sua estrutura operacional e diluir custos fixos.

Outro benefício implícito nessa estratégia é que ela possibilita o uso de algumas táticas peculiares de venda e *pricing*, como vendas cruzadas (*cross selling*), oferta de pacotes (*bundling*), subsídio cruzado (*complementary price*) e preços comparativamente maiores e menores (*up-selling* e *down-selling*), que podem contribuir para ampliar o volume e a rentabilidade das vendas.

Exemplificando, um fornecedor de ração pet pode incluir em seu mix de oferta produtos para outras espécies (extensão horizontal), para a mesma espécie com outra composição nutricional (extensão vertical) ou itens complementares, como bebedouros, comedouros, peitorais e caixas de higiene.

---

[22] KOTLER (1998, p. 255).

[23] KOTLER; KELLER (2018, p. 255-257); PORTER (1990, p. 385-407); PORTER (1996).

d. Segmentação

A estratégia de segmentação pressupõe a existência de públicos com comportamentos de compra variados que possam ser agrupados de forma a justificar práticas diferenciadas de venda, distribuição, promoção e precificação.[24]

O sucesso dessa estratégia depende basicamente da capacidade do ofertante de identificar, segregar e intervir da forma apropriada em cada um desses segmentos do mercado.

Os consumidores de queijos populares (*e.g.*, prato e muçarela) e de queijos finos (*e.g.*, emmental e camembert) são típicos exemplos de segmentos de mercado para os quais se justifica uma abordagem diferenciada.

e. Enfoque

O enfoque é a estratégia que direciona a oferta para nichos ou segmentos bem específicos de mercado, que possuem necessidades muito particulares sem atendimento ou que podem ser mais bem atendidos, mas também capacidade para absorver volumes suficientes a preços vantajosos. [25]

Alguns conhecidos nichos de mercado são o *catering*, os clientes com marcas próprias (*private label brand*) e a indumentária para atletas.

Outro bom exemplo de nicho é o dos alimentos funcionais – para a aparência, saúde dos ossos, sistema nervoso, sistema cardiovascular, sistema digestivo, sistema imunológico, entre outros –, cujo conjunto chega a representar 15% do total da demanda de alimentos.[26]

f. Competição via preço

A estratégia de competição via preço, muito frequentemente baseada no que Porter denomina de liderança em custo,[27] consiste na oferta de produtos e serviços a preços inferiores aos de seus competidores diretos.

Para ser bem-sucedida, essa estratégia torna necessário que o ofertante estruture todos os seus ativos mercadológicos – linha de produtos, instalações, equipe de vendas, canais de distribuição, meios de divulgação, e demais – com esse mesmo propósito.

Convém salientar, contudo, que nem sempre preços inferiores são a melhor alternativa de um ofertante. Isso porque, ao fixá-los, ele corre o risco de praticar preços menores que o necessário, como explica o texto a seguir.

---

24 KOTLER; KELLER (2018, p. 269-271); PORTER (1990, p. 213-250).

25 PORTER, 1990, p. 13.

26 Ver *Princípios de marketing* (KOTLER; ARMSTRONG, 2007, p. 139).

27 PORTER (1990, p. 57-108).

O risco dos preços competitivos

Empresas que sempre reagem à estratégia de apreçamento de concorrentes arriscam-se a fixar preços mais baixos do que o realmente necessário. Os gerentes devem tomar cuidado para não cair na armadilha de comparar preços de concorrentes dólar por dólar e então procurar imitá-los. É melhor levar em conta o custo total para os clientes de cada oferta competitiva, incluindo todos os custos financeiros e não monetários e potenciais custos de troca, e então comparar esse total com o do provedor. Também devem avaliar o impacto de fatores de distribuição, tempo e localização, bem como estimar a capacidade disponível dos concorrentes, antes de decidir qual reação é apropriada.

Fonte: *Marketing de serviços: pessoas, tecnologia e estratégia* (LOVELOCK; WIRTZ; HEMZO, 2011, p. 179).

Outro dano potencial dessa estratégia é que, no esforço de reduzir custos e continuar competitivo, o ofertante venha a suprimir atributos que qualificam sua oferta, diminuindo, dessa forma, sua vantagem competitiva.

Para evitar essa possibilidade, segundo o mesmo Porter, é necessário que o ofertante se concentre nas "oportunidade de redução de custo que não sacrifiquem a diferenciação", e também nas "oportunidade de diferenciação que não sejam dispendiosas".[28]

g. Valorização da oferta

A estratégia de valorização da oferta se caracteriza por um esforço do ofertante para a geração e divulgação de vantagens competitivas, de modo que suas ofertas sejam percebidas como dotadas de um valor superior pelo qual os compradores estejam dispostos a pagar.[29]

De acordo com Nagle e Holden, a implementação da estratégia de valorização da oferta exige um conjunto de iniciativas que vão desde o projeto do objeto de venda, passando pela venda propriamente dita, até os serviços pós-venda.[30] Portanto, de ações que não se limitam à persuasão do comprador a aceitar o preço superior proposto e à entrega do produto adquirido ou conclusão do serviço contratado.

A Figura 2.6 estampa a sequência de iniciativas previstas por esses autores para a bem-sucedida implementação dessa estratégia, e que são comentadas logo a seguir.

[28] PORTER (1990, p. 16).

[29] NAGLE; HOGAN; ZALE (2010, p. 7-9).

[30] Nagle e Holden (2003, p. 158) não incluem a tarefa de confirmar o valor da escolha do cliente como parte dessa implementação, mas ela pode ser subentendida.

Figura 2.6 – Iniciativas para a valorização da oferta.

Fonte: adaptada de Nagle e Holden (2003, p. 158).

1: Compreender o valor percebido

Esta iniciativa subentende a investigação e devida compreensão dos atributos que determinam o valor superior a ser percebido pelo comprador.

Exemplificando, um fabricante de margarina, para conhecer a preferência de seus clientes, deve pesquisar o valor atribuído às diferentes características do produto, como sabor, cor, odor, viscosidade, incidência de gordura trans saturada, presença de vitaminas, sais minerais, glúten, lactose e alérgicos ou mesmo a embalagem que vai à mesa de seu consumidor.

2: Criar o valor a ser percebido

Esta etapa consiste na incorporação à oferta dos atributos que determinam o valor superior percebido.

Dessa forma, o mesmo fabricante de margarina, ao considerar os custos de produção e comercialização e os sobrepreços a serem obtidos, poderia optar pelo lançamento de uma pasta cremosa, de cor pálida, com odor e sabor amanteigados, com vitaminas A, B, D e Ômega 3, sem gordura trans, com baixo teor de gorduras totais, com e sem sal e em potes quadrangulares de polipropileno de 100, 250 e 500 gramas com tampa "abre fácil", entre outras opções, a exemplo das constantes na Figura 2.7.

Figura 2.7 – Marca global da margarina Upfield.

Fonte: Upfield (s. d.).

3: Comunicar o valor da oferta

Nesta fase, cabe ao ofertante, através de mensagens institucionais e ações afirmativas, promover as singularidades que determinam o valor superior da oferta de forma a persuadir o comprador em potencial de suas vantagens comparativas.[31]

Para isso, o mesmo fabricante de margarina necessitará projetar suas embalagens, desenvolver ações promocionais e treinar seus promotores e agentes de venda para ressaltarem os atributos mais valorizados pelo comprador, sejam eles o sabor, a aparência, os benefícios à saúde, a reputação da marca ou a praticidade da embalagem.

4: Capturar o valor proposto

Este passo compreende a capacitação dos agentes de venda para captura do valor superior, o que pressupõe a mudança da postura comercial convencional de "vendedor de algo" para a de "consultor de soluções para o cliente", como expõe o gerente sênior de uma empresa global no texto que segue.

Treinamento e desenvolvimento da força de vendas

A implementação efetiva da precificação baseada no valor exige uma mudança fundamental na atitude do pessoal de vendas, o que implica uma significativa alteração na forma como esse pessoal é treinado e desenvolvido. Para identificar os sutis desejos dos clientes, o pessoal de vendas precisa se tornar bom ouvinte; além disso, eles precisam aprender a vender soluções (mais do que produtos ou serviços) aos clientes.

Fonte: *Customer value-based pricing strategies: why companies resist* (HINTERHUBER, 2008, minha tradução).

5: Confirmar o valor da escolha

Por último, é necessário que o ofertante assegure ao comprador, quer seja um atacadista, varejista, consumidor industrial ou consumidor final, o acerto de sua escolha, pois uma das condições para valorizá-la é a confiança na decisão tomada.[32]

---

31 Hinterhuber (2008), baseado em levantamento feito com 81 executivos de empresas alemãs, austríacas, norte-americanas e chinesas, já alertava para as dificuldades enfrentadas para comunicar de forma eficaz o valor superior de uma oferta, especialmente em ambientes inundados de propaganda.

32 Ver *Criando e administrando marcas de sucesso* (AAKER, 1996, p. 19).

Essa confirmação, a ser feita por meio de mensagens positivas de atendentes, vendedores e promotores, anúncios publicitários, divulgação de pesquisa e depoimentos de especialistas, celebridades ou outros compradores, visa tranquilizá-lo quanto à sua opção.

2.5.2.2 Estratégias de marketing de limitada envergadura

No que diz respeito às estratégias de marketing de limitada envergadura é oportuno destacar:

a. Melhoria do produto

A estratégia de melhoria do produto consiste no aperfeiçoamento contínuo da linha de produtos, de forma a torná-los mais competitivos e/ou possibilitar a prática de preços avantajados.

São várias as possibilidades de melhoria dos produtos agropecuários e agroindustriais. Ela pode envolver economia (*e.g.*, variedade de soja resistente a pragas), durabilidade (*e.g.*, tomate com maior vida útil), funcionalidade (*e.g.*, adubadora orientada por GPS), sabor (*e.g.*, morango com menor acidez), aparência (*e.g.*, papel mais branco), e assim por diante.[33]

Em alguns casos, a melhoria é apenas gradual (incremental); em outros, por romper com os padrões estabelecidos, radical (disruptiva).

A esse propósito convém lembrar que nem toda a melhoria é decorrente do avanço científico ou tecnológico. A melhoria de um produto pode ser simplesmente o resultado de um novo arranjo de recursos já existentes – a chamada inovação recombinante[34] –, como é o caso de uma pizza feita em forno a lenha, com presunto Parma, queijo de leite de búfala, tomate seco e bordas recheadas.

b. Melhoria dos serviços

Por melhoria dos serviços subentende-se a qualificação dos serviços que compõem ou cercam a oferta, constroem sua reputação e justificam seus sobrepreços. É o que ocorre, segundo Howard Schultz, ex-CEO da Starbucks, nas mais de 28 mil lojas dessa marca ao redor do mundo.

---

[33] Tidd e Bessant (2015, p. 23-29), em *Gestão da inovação*, propõem quatro dimensões da inovação: processos, produtos, posicionamento e paradigmas.

[34] Ver *Conceitos de inovação no agronegócio* de SANTINI *et al.* em ZUIN; QUEIROZ (2006, p. 222-224).

Starbucks

As pessoas se ligam à Starbucks porque se identificam com a nossa essência. É mais do que um excelente café. É o romance da experiência com o café, a sensação de aconchego que fazem com que as pessoas da comunidade entrem nas lojas Starbucks. Esse tom é determinado pelos nossos "baristas", que fazem o expresso de acordo com a preferência de cada cliente e explicam a origem dos diferentes cafés.

Fonte: Dedique-se de coração: a história de como a Starbucks se tornou uma grande empresa de xícara em xícara (SCHULTZ; YANG, 2019, p. 15-16).

Nesta opção incluem-se os serviços de atendimento, demonstração, venda, financiamento, entrega, garantia da qualidade, cobrança e assistência técnica, assim como todos os demais pré e pós-venda.[35]

c. Desintermediação

A desintermediação consiste na eliminação parcial ou total de um ou mais elos da cadeia de comercialização de forma a possibilitar maior proximidade com o mercado, redução de custo e ganhos de preço.[36]

Exemplos comuns dessa estratégia são os pontos de venda de fábrica, o atendimento direto a grandes clientes e a venda pela internet.

d. Exploração de efemeridades

Na estratégia de exploração de efemeridades o ofertante opta por estar presente em eventos de grande movimentação (feiras de negócio, espetáculos musicais, jornadas esportivas etc.), visando divulgar seus produtos e marcas e promover vendas.[37]

Em tais oportunidades é comum o ofertante praticar preços prêmios que não são questionados pelos compradores em função do clima psicológico criado pelo evento, da conveniência do cliente ou da exclusividade da oferta.

e. Atenuação do impacto financeiro

Nesta estratégia o objetivo é reduzir o impacto financeiro da compra, adiando-o ou diluindo-o ao longo do tempo.

---

[35] KOTLER; KELLER (2018, p. 258-264); LOVELOCK; WIRTZ; HEMZO (2011, p. 61).

[36] ECKHARD (2003, p. 263-266).

[37] ECKHARD (2003, p. 258-260).

As principais iniciativas com esse propósito são: (a) o parcelamento do pagamento da compra; (b) a eliminação da necessidade da parcela de entrada (sinal); (c) a concessão de um período maior de carência; e (d) o alongamento do prazo de pagamento.

Corroborando o uso destas práticas, uma pesquisa feita junto a empresas varejistas demonstrou que quanto maior o valor da compra em relação à renda disponível, maior a relevância do valor da entrada e das parcelas mensais comparado com o valor total a ser pago.[38]

f. Redução do custo do ciclo de vida

A estratégia de redução do custo do ciclo de vida consiste na execução e divulgação de alterações nos produtos e serviços ofertados de maneira a reduzir o custo de todo o seu ciclo de vida[39] para o cliente.

Algumas das alternativas nesse sentido são: (a) o alongamento da vida útil do bem ofertado; (b) a redução do seu custo de uso; e (c) a eliminação do custo de descarte do resíduo por ele gerado ou do próprio bem adquirido depois de desativado ou esgotado.

Exemplos dessa prática são o recolhimento gratuito das embalagens de defensivos agrícolas altamente tóxicos e as implementações tecnológicas que reduzem o consumo de combustível dos equipamentos agrícolas.

g. Treinamento da equipe

O treinamento regular da equipe de vendas e negociadores em geral nos procedimentos de venda e captura de valor é mais uma das estratégias de limitada envergadura que podem proporcionar bons resultados comerciais e financeiros.

A justificativa para a adoção dessa estratégia tem a ver com a entropia das práticas de negociação devido à monotonia e constantes obstáculos enfrentados pelos profissionais com essa atribuição.

2.5.3 POLÍTICAS DE PREÇOS ORIENTADAS PARA O VALOR

A política de preços orientada para o valor é o conjunto de diretrizes alinhadas ao plano empresarial e à estratégia de marketing que orienta a prática de preços de um ofertante.[40]

---

38 Ver *Formação estratégica de precificação* (COELHO, 2009, p. 176) e "Política de preços e diferencial competitivo: um estudo de casos múltiplos na indústria de varejo" (TOLEDO; PROENÇA; MELLO JR., 2006).

39 Tema aprofundado em *Gerenciamento integrado de custos* (SAKURAI, 1997, p. 157-177).

40 Nagle, Hogan e Zale (2010, p. 12) referem-se à política de preços como "regras ou hábitos, explícitos ou culturais, que determinam como uma empresa varia os seus preços".

Melhor dizendo, é a política de preços orientada para o valor que estabelece a forma como o gestor de *pricing* – pessoa ou comitê – deve definir, promover e controlar os preços de venda do ofertante visando seu melhor desempenho.

Para Schindehutte e Morris, o sucesso empresarial depende cada vez mais da capacidade do ofertante de implementar políticas de preços baseadas no mercado, de risco assumido, proativas e flexíveis.[41]

Entretanto, mesmo concordando com essa assertiva, há que se ter em conta que são muitas as políticas de precificação possíveis. Por isso mesmo, vamos nos referir somente a algumas delas de caráter genérico.

As políticas de nível de preços, de captura de sobrepreços e de segmentação de preços serão comentadas logo a seguir. A que trata da flexibilização dos preços consta do Capítulo 7. Ainda outras, como as que dão origem às práticas de desnatamento do mercado, de preços geográficos e de preços reduzidos para o mercado secundário também fazem parte do Capítulo 7, porém como táticas de preços.

2.5.3.1 Política de nível de preços

No que se refere ao nível de preço, nada impede que o ofertante adote uma política *de preços equiparados, elevados ou mesmo reduzidos em relação aos de seus competidores.* Todavia não sem consequências, pois, conforme enfatizado por Porter, o acerto dessa decisão está diretamente relacionado à capacidade do ofertante de justificá-la perante seus clientes e dificultar a atuação de seus concorrentes.[42]

Preços equiparados deslocam a competição para os demais atributos da oferta, especialmente para os custos e serviços que a acompanham. O desafio presente é operar com custos compatíveis com esses preços e ao mesmo tempo convencer o cliente a adquiri-la com base nos benefícios que ela proporciona.

Em seu lugar, o ofertante pode optar tanto por uma política de preços elevados como de preços reduzidos – ambos justificados ou não –, em relação aos de seus concorrentes.

Nesses casos, porém, há que se considerar que ofertas com preços elevados e justificados costumam estar associadas a produtos e serviços diferenciados, alta rentabilidade, clientes satisfeitos e concorrentes com dificuldade para competir ou mesmo barrados. Já ofertas com preços altos não justificados estão relacionadas a produtos e serviços não diferenciados, ou cuja diferenciação é pouco percebida, e alta rentabilidade, mas também a clientes insatisfeitos e concorrentes entrantes.

---

41 SCHINDEHUTTE; MORRIS (2001).

42 PORTER (1990, p. 9-19).

Por outro lado, ofertas com preços reduzidos justificados apontam para custos competitivos, boa rentabilidade, clientes também satisfeitos e obstáculos para a concorrência. E ofertas a preços baixos não justificados sugerem custos não competitivos e rentabilidade insuficiente, acompanhados de clientes satisfeitos e concorrentes com dificuldade para competir, como ilustra a Figura 2.8.

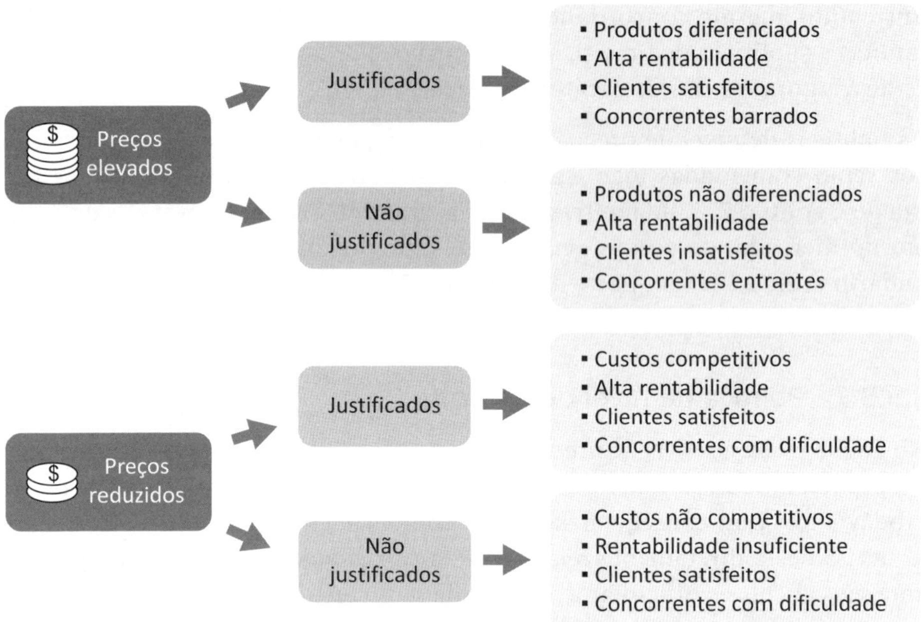

Figura 2.8 – Políticas de preços elevados e de preços reduzidos.

Fonte: adaptada de *Competitividade e globalização* de Jank e Nassar (ZYLBERSZTAJN; NEVES, 2000, p. 144).

Em resumo, o êxito da política de preços elevados depende de esses preços estarem justificados por atributos percebidos e valorizados pelo comprador. E o sucesso da prática de preços reduzidos exige que ela esteja apoiada em uma estrutura de custos compatível com esses preços e em ofertas também percebidas e valorizadas por quem as adquire ou pretenda adquirir.

2.5.3.2 Política de captura de sobrepreços

A política de captura de sobrepreços visa o alcance de melhores preços através da persuasão do cliente de que o preço superior cobrado não só se justifica como confirma a conveniência da sua escolha.

Ela pode ser parte da estratégia de valorização da oferta, mas não necessariamente, pois sua implementação independe dela.

Kotler e Keller citam três exemplos dessa prática no mercado norte-americano: os frangos Perdue, as peruas Volvo e as pizzas Domino's, com preços 10%, 20% e 15% mais altos, respectivamente.[43]

A forma mais comum de efetivá-la tem sido por meio do treinamento dos operadores de preço quanto aos benefícios e vantagens comparativas do produto ou serviço ofertado, seguido de premiação pelas metas de precificação alcançadas.

Outras maneiras de viabilizá-la são: (a) a oferta em momentos e pontos estratégicos; (b) a concessão de vantagens adicionais, como condições de pagamento, garantia, brindes e *cashback*; (c) a inclusão à oferta de serviços adicionais; e (d) a publicidade associando a oferta a celebridades, eventos especiais, modismos, estados de espírito e a grupos sociais.

A venda assistida (*soft sell*), descrita por Megido e Xavier no texto a seguir, pode ser um componente dessa política.

A *soft sell*

Já a *soft sell* é uma nova visão. A *soft sell* destina-se a produtos e serviços de maior valor agregado e a mercados de maior poder aquisitivo unitário. Para mercados onde a qualidade percebida da tecnologia ofertada é fator essencial para o sucesso nas estratégias de penetração e *pricing*, como é o caso das áreas de genética animal e vegetal, agroquímicas com moléculas de nova geração, equipamentos de irrigação, alguns setores de máquinas e equipamentos, nutrição animal, produtos veterinários etc. Mais ainda: dentro das equipes comerciais a *soft sell* substitui a competição pela cooperação – e a venda passa a ser um ato de "consultoria" em face do cliente.

Fonte: MEGIDO; XAVIER (2003, p. 183).

2.5.3.3 Política de segmentação de preços

Preços segmentados ou discriminados são preços diferenciados estabelecidos para produtos e serviços idênticos ou similares ofertados para distintos segmentos de mercado e tipos de clientes ou em função de especificidades da operação.[44]

O objetivo da segmentação de preços é, de um lado, capturar o maior valor que o cliente estiver disposto a pagar e, de outro, com preços mais em conta para o cliente, não perder vendas.

43 KOTLER; KELLER (2012, p. 294).

44 SMITH (2012, p. 102).

Na política de preços equiparados a segmentação vai depender dos preços praticados pela concorrência. Já nas políticas de preços elevados, de preços reduzidos e de captura de sobrepreços, ela deverá basear-se nas características da oferta e da procura do bem ou serviço ofertado

Preços discriminados com base na oferta consideram o valor a ela atribuído por seus clientes em função de seus atributos intrínsecos (*e.g.*, peso, sabor, qualidade e vida útil do produto) e extrínsecos (*e.g.*, garantia, serviço de entrega, marca e reputação do ofertante).

A segmentação do preço do café por tipo de grão e teor de cafeína exposta na Figura 2.9 demonstra como esses atributos orientam a prática de preços de seus ofertantes.

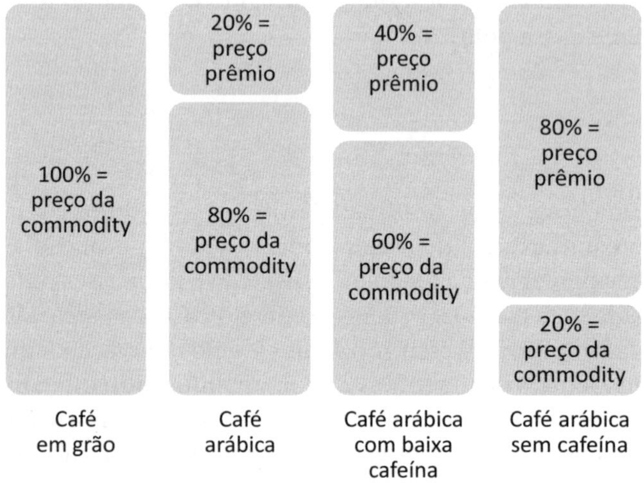

Figura 2.9 – Segmentação do preço do café.

Fonte: adaptada de *Agricultural and food marketing management* (CRAWFORD, 1997).

Preços diferenciados com base na procura são definidos em função das necessidades, exigências ou potencial de compra de seus clientes, como quantidade demandada, capacidade financeira, qualidade mínima, customizações ou urgência da entrega.

Algumas práticas de discriminação de preços são consideradas ilegais, cabendo, por isso mesmo, ao gestor de preços certificar-se previamente de sua licitude e conveniência.

2.5.4 TÁTICAS DE PREÇOS ORIENTADAS PARA A NEGOCIAÇÃO

As táticas de preços compõem o último e mais pragmático nível das diretrizes de *pricing* de um ofertante.

Por definição, uma tática de preços orientada para a negociação constitui-se de uma linha de ação de pequena envergadura, mais frequentemente de curta duração, que utiliza o preço como recurso predominante e que tem como objetivo principal o sucesso da negociação.

Vale lembrar que essa definição não é unânime. Alguns autores, a exemplo de Tellis, Noble, Gupta, Rao e Kartono, denominam várias das mesmas linhas de ação que estaremos nos referindo "estratégias de precificação",[45] opção que preferimos declinar.

A menção do preço como seu recurso predominante deve-se ao fato de, a despeito de ser o mais relevante, outros poderem ser utilizados, como as características intrínsecas do produto, os serviços que o acompanham, o prazo de pagamento, os descontos sobre o preço, as despesas de entrega e as bonificações em geral.

Sob o ponto de vista do ofertante, as táticas de preços podem ser classificadas quanto à sua gênese em proativas e reativas, quanto à sua lucratividade em de preços sustentados e de preços suplementados, quanto à sua transitoriedade em de preços estáveis e de preços flexíveis e quanto à sua conformidade em lícitas ou ilícitas, conforme expõe a Figura 2.10.

TÁTICAS DE PREÇOS	quanto à **GÊNESE**	**PROATIVAS** **REATIVAS**
	quanto à **SUSTENTABILIDADE**	de preços **SUSTENTADOS** de preços **SUPLEMENTADOS**
	quanto à **TRANSITORIEDADE**	de preços **ESTÁVEIS** de preços **FLEXÍVEIS**
	quanto à **CONFORMIDADE**	**LÍCITAS** **ILÍCITAS**

Figura 2.10 – Classificação das táticas de preços.

A rigor, no entanto, não existe uma tática purista, no sentido de não dispor de elementos que possam enquadrá-la em outra destas classes.

As táticas proativas são aquelas patrocinadas pelo ofertante independentemente da ação de outras partes. Por outro lado, as táticas reativas são pautadas pela antecipação ou reação do ofertante a movimentos dos compradores, de competidores ou das autoridades constituídas. As táticas denominadas "preço de penetração", "preço psicológico" e "preço de liquidação" são, em princípio, proativas; as táticas "preço sob demanda", "preço de barganha" e "preço de combate" são, por excelência, reativas.

As táticas de preços sustentados, por sua vez, são aquelas que produzem um resultado econômico satisfatório sem necessidade de vendas ou encargos que lhe suple-

45 TELLIS (1986), NOBLE; GRUCA (1999) e RAO; KARTONO (RAO, 2009, p. 15).

mentem. É o que acontece com as táticas "preço por região", "preço prêmio" e "preço de desnatamento". Em vez disso, as táticas de preços suplementados são aquelas cujos preços dependem da venda de outros produtos, de quantidades e encargos adicionais ou da execução de certos serviços para se tornarem economicamente viáveis. As táticas "preço isca", "preço compensado", "preço de pacote" e "preço por volume" costumam apresentar essa característica.

Outra forma de classificá-las é quanto à sua transitoriedade, em táticas de preços estáveis e táticas de preços flexíveis. Nas táticas de preços estáveis os preços tendem a se manter constantes ao longo do tempo, enquanto nas táticas de preços flexíveis eles são alterados conforme sua conveniência. "Preço de tabela", "preço de referência" e "preço base" são, no mais das vezes, preços estáveis; "preços para eventos", "preço de licitação" e "preços promocionais" são, em geral, preços flexíveis.

Por fim, as táticas podem ser lícitas ou ilícitas. A esse respeito, basta lembrar que a legislação brasileira proíbe o conluio de preço, o preço predatório, o preço fixo de revenda, o preço enganoso, a discriminação de preços e o *dumping*.[46]

No Capítulo 7 estão relacionadas, além das táticas aqui citadas, várias outras em uso por diferentes *players* do mercado.

2.6 O DETERMINISMO PRODUTO-PREÇO

Existe um estreito vínculo entre os preços possíveis de serem praticados por um ofertante e algumas propriedades elementares do objeto de venda. É esse vínculo que dá origem ao que denominamos de determinismo produto-preço.

As propriedades de um objeto de venda que criam esse estreito vínculo com o valor de oferta e, em decorrência, com os preços praticados, são: (a) o gênero do objeto de venda; (b) o grau de diferenciação do produto ou serviço; e (c) a estrutura de custos da oferta.

2.6.1 GÊNERO DO OBJETO DE VENDA

Em se tratando da relação entre o gênero de um objeto de venda e os preços possíveis de serem praticados, são dois os aspectos a serem considerados: (a) a comoditização do objeto de venda; e (b) a relevância socioeconômica do bem ou serviço ofertado, ou seja, sua essencialidade.

Isso acontece porque, como regra geral, os objetos de venda comoditizados são precificados pelo mercado, os diferenciados têm seu preço definido pelo ofertante e os de grande impacto socioeconômico tendem a ser precificados, ou ao menos monitorados, por uma autoridade constituída.

46 Ver *Marketing: criando valor para os clientes* (CHURCHILL; PETER, 2010, p. 328-330).

Visto por este ângulo é o gênero do objeto de venda que estabelece o agente determinante do preço, como expõe o Quadro 2.1.

Quadro 2.1 – Agentes determinantes do preço

Gênero de oferta	Espécie de preço	Agente detrminante
Diferenciada	de venda	ofertante/vendedor
Commodity	de mercado	comprador ou livre concorrência
Essencial	administrado	autoridades constituídas

Nos casos em que o preço é determinado pelo próprio ofertante, esse preço é denominado preço de venda, por ser resultante do livre-arbítrio do ofertante/vendedor, que, levando em conta a oportunidade de mercado, os custos existentes e os objetivos da negociação em pauta, define o preço que mais lhe convém.

Em seu lugar quando o preço é determinado pelo comprador ou pela livre concorrência, ele é denominado preço de mercado. Este comprador pode ser um consumidor final, um produtor rural, uma agroindústria, uma rede de supermercados, um importador ou um intermediário qualquer. Por livre concorrência subentende-se a interação de vendedores e compradores que costumeiramente acontece nas bolsas de mercadorias, nos mercados públicos, nas corretoras de commodities ou em ofertas públicas e negociações privadas abertas.

Vale sublinhar que, em ambos os casos – preço imposto pelo comprador ou resultante das forças de mercado –, a oferta é para uma mercadoria dentro de padrões previamente estabelecidos, pois qualquer desvio desse padrão pode dar origem tanto a acréscimos como decréscimos no preço final.

Em vista disso, na prática comercial, é comum o vendedor propor seu produto como diferenciado e com valor agregado, de forma a poder aplicar o preço por ele arbitrado. Assim como do lado oposto, é usual o comprador esforçar-se para enquadrá-lo como commodity para sujeitá-lo a um preço inferior ao do produto diferenciado ou obter alguma outra concessão por parte do vendedor.[47]

Embora estas duas atitudes em relação à oferta – do vendedor de sobrevalorizá-la e do comprador de subvalorizá-la – possam ser consideradas condenáveis por alguns, na verdade são parte do jogo em uma economia de livre mercado, como retratamos no tópico "Conflito de interesses" (Capítulo 4).

---

[47] Para MacDivitt e Wilkinson (2012, p. 13), essa depreciação é, usualmente, um estratagema do comprador astuto para extrair preços e condições mais vantajosas do vendedor.

De outra parte, quando o preço é determinado por uma autoridade constituída ele é denominado preço administrado. Preço administrado ou "preço administrado por contrato e monitorado", de acordo com cartilha divulgada pelo Banco Central do Brasil, "refere-se aos preços que são menos sensíveis às condições de oferta e de demanda porque são estabelecidos por contrato ou órgão público".[48]

O Quadro 2.2 contém uma lista de preços administrados que entram no cálculo do Índice de Preços ao Consumidor Ampliado (IPCA), conforme divulgado pela mesma cartilha do Banco Central.

Quadro 2.2 – Preços administrados considerados no cálculo da inflação

Regulação em nível		Produto derivado de combustível fóssil	Categoria e item do IPCA
Federal	Estadual ou municipal		
			Habitação
X			Energia elétrica residencial
	X		Taxa de água e esgoto
X		X	Gás de botijão
	X	X	Gás encanado (RJ e SP)
			Saúde e cuidados pessoais
X			Plano de saúde
X			Produtos farmacêuticos
X			Serviços pessoais: jogos de azar
			Transporte
	X		Ônibus urbano
	X		Ônibus intermunicipal
X			Ônibus interestadual
	X		Trem
	X		Metrô
X			Barco

(*continua*)

48 BANCO CENTRAL (2016, p. 5).

Quadro 2.2 – Preços administrados considerados no cálculo da inflação (*continuação*)

Regulação em nível		**Produto derivado de combustível fóssil**	**Categoria e item do IPCA**
Federal	**Estadual ou municipal**		
	X		Táxi
	X		Multa
	X		Emplacamento e licença
	X		Pedágio
X		X	Gasolina
X		X	Óleo diesel
X		X	Gás veicular
			Comunicação
X			Telefone fixo
X			Telefone público
X			Correio

Fonte: Banco Central do Brasil (2016, p. 6).

Além dos itens constantes desse índice, existem vários outros preços estabelecidos, controlados ou regulados pela legislação vigente ou agentes governamentais. Entre eles os tributos governamentais, os preços dos serviços públicos, o salário mínimo, a taxa básica de juros, a taxa de câmbio, o reajuste dos aluguéis, as tarifas bancárias, o preço mínimo dos produtos agrícolas e, mais recentemente, o preço mínimo dos fretes.[49]

Cabe ainda acrescentar que, na hipótese de preços administrados de produtos do agronegócio fixados abaixo do valor de mercado, aparentemente não haveria o que o ofertante pudesse fazer além de resignar-se às perdas a que esses preços dão causa. Na prática, porém, isso não se confirma, pois sempre existirão formas de suavizar o efeito desse tipo de intervenção.

Para explicar tal tese, admitamos que o governo tabele o preço do frango inteiro no mercado interno por um valor inferior ao que o mercado estaria disposto a pagar. Nesse caso o frigorífico de aves pode reduzir a oferta desse produto, direcionando-a para o mercado externo, ou substituir parte da oferta de frango inteiro por cortes de

[49] Algumas dessas intervenções são comentadas em *Modelos e principais instrumentos de regulação setorial* de Buainain (RAMOS et al., 2007 p. 53-100).

frango com preço não controlado, tornando, com isso, o controle de preços adotado parcialmente inócuo.

Atualmente a intervenção das autoridades brasileiras na área de preços é bem menor do que em décadas passadas. Mesmo assim, nas raras circunstâncias em que ela acontece, por impactar os custos operacionais e o volume de oferta ou limitar o livre-arbítrio do ofertante, acaba influenciando os preços e a rentabilidade do agronegócio.

2.6.2 GRAU DE DIFERENCIAÇÃO DO PRODUTO OU SERVIÇO

A segunda propriedade elementar do produto ou serviço ofertado com forte vínculo com os preços praticados é seu grau de diferenciação.

O grau de diferenciação de uma oferta, como já vimos, diz respeito aos benefícios de determinada oferta em relação às necessidades e desejos do comprador e ofertas concorrentes. Em outras palavras, é a medida das vantagens competitivas de uma oferta específica que aumentam o domínio do ofertante sobre o preço praticado, tornam a demanda do objeto ofertado menos elástica e tendem a promover a fidelidade de seus consumidores.[50]

De acordo com Porter, existem duas estratégias genéricas de competição empresarial: a de diferenciação e a de liderança em custo. A terceira alternativa citada por Porter – a de enfoque – não deixa de ser uma variante dessas duas (enfoque no custo e enfoque na diferenciação).[51]

Na opção por diferenciação, o preço costuma ser elevado em decorrência de acionadores do valor agregado como qualidade, inovação, design, serviços e publicidade. Na opção por liderança em custo, o preço é reduzido em função de vantagens obtidas nas áreas de insumos, tecnologia, produtividade e volume, como ilustra o Quadro 2.3.

Consequentemente, quanto maior a diferenciação da oferta, maior o valor agregado e maior a possibilidade de captura de sobrepreços. Por outro lado, quanto menor o custo da oferta, maiores as chances do ofertante operar com preços menores que os de seus competidores e ainda assim gerar bons lucros.

Adicionalmente, é necessário lembrar que ambas as estratégias não são mutuamente exclusivas. Ou seja, o ofertante de valor agregado pode ser também o que opera com menores custos, bem como o fornecedor de commodities pode diferenciar seus produtos por meio dos serviços que o acompanham, como financiamento da compra, entrega ao cliente e assistência pós-venda.

---

50 MENDES; PADILHA JR. (2007, p. 83).

51 PORTER (1990, p. 9-14).

Quadro 2.3 – Estratégias genéricas de competição

Estratégias	Acionadores	Oferta	Preço
Valor agregado	Qualidade	Diferenciada	Elevado
	Inovação		
	Design		
	Serviços		
	Publicidade		
Liderança em custos	Insumos	Commodity	Reduzido
	Tecnologia		
	Produtividade		
	Volume		

Fonte: adaptado de Porter (1990, p. 57-152).

2.6.3 ESTRUTURA DE CUSTOS DA OFERTA

A estrutura de custos da oferta é a terceira propriedade elementar relevante para a determinação do preço. Por estrutura de custos entendem-se as diferentes espécies e volumes de dispêndios inerentes a determinada oferta.

A cadeia agroindustrial do milho, exposta na Figura 2.11, apresenta a origem dos principais custos a ela agregados pelos fornecedores (antes da porteira), pelos produtores rurais (dentro da porteira) e pelos originadores, processadores e distribuidores de seus derivados (depois da porteira).

A relevância da estrutura de custos da oferta no estabelecimento do preço de venda se deve ao fato de ela definir o preço mínimo aceitável (preço-piso) para determinada operação e dar ao ofertante a segurança necessária para negociar descontos e outras vantagens a serem concedidas ao comprador. Não respeitar o preço-piso da oferta significa abrir mão da rentabilidade mínima exigida ou gerar algum prejuízo o que, no longo prazo, põe em risco a sobrevivência do empreendimento.

Complementarmente, o conhecimento deste custo permite avaliar a competitividade da oferta, questionar os gastos nela presentes, decidir entre fazer ou comprar tanto seus insumos como o próprio objeto de venda e até mesmo mantê-la ou não em estoque ou produção.

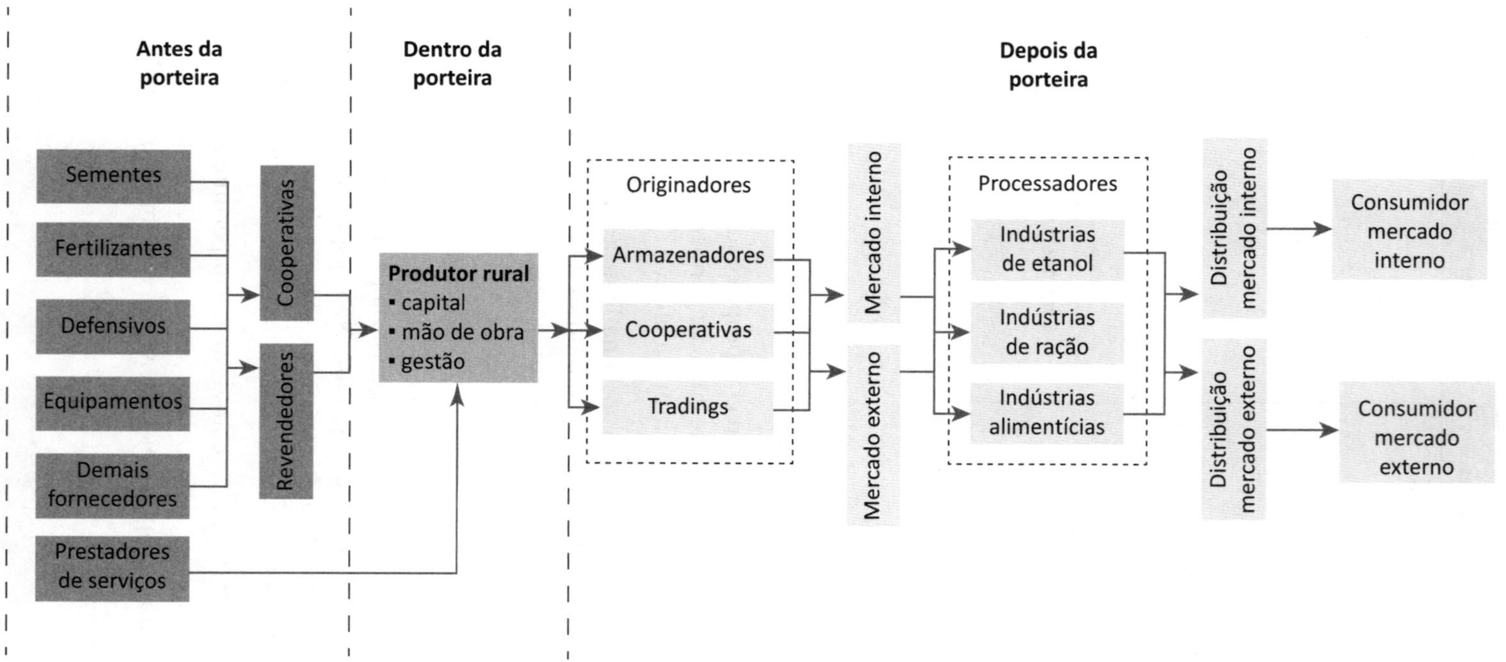

Figura 2.11 – Cadeia agroindustrial do milho.

Fonte: adaptada de *Entendendo o mercado do milho* (IMEA, 2015, p. 6).

CAPÍTULO 3

Os vetores da decisão de preços

Na maioria das empresas os preços são definidos com base na intuição, opinião, regras de ouro, dogmas, sagacidade dos dirigentes ou lutas internas de poder.

Herbert Simon

3.1 O CONCEITO DE VETOR DE PREÇO

Vetor de preço é uma força, ou um conjunto delas, atuando em um ou mais sentidos sobre a variável preço.[1]

3.2 OS QUATRO VETORES DO PREÇO

São quatro os vetores atuantes na definição do preço de um objeto de venda: atributos da oferta, pretensões do ofertante, condições de mercado e percepção de valor, conforme ilustra a Figura 3.1.

---

[1] Nas ciências exatas, um vetor é uma "grandeza física representada por um segmento de reta orientado" (GARCIA, 1984, p. 877).

Figura 3.1 – Vetores da decisão de preço.

É oportuno lembrar, no entanto, que essa classificação não é uma unanimidade. Ferrell e Hartline, por exemplo, enumeram como forças atuantes na definição do preço os objetivos da empresa, a natureza da oferta e da demanda, os custos da empresa, a concorrência e estrutura do setor e o estágio do ciclo de vida do produto, junto com outros elementos do composto de marketing.[2] Já Hanna e Dodge referem-se a setor de atividade, estrutura do mercado, situação específica de mercado, condições econômicas gerais, restrições legais, avaliação dos compradores e custos do produto.[3]

Os dois primeiros vetores – atributos da oferta e pretensões do ofertante – têm em comum serem compostos por forças internas, portanto de competência e domínio do ofertante. Os demais – condições de mercado e percepção do cliente – constituem-se de forças externas e, por isso mesmo, com raras exceções, estão fora do domínio do ofertante.

Cada um dos vetores mencionados impulsiona o preço da oferta com certa intensidade e sentido, e é a partir da convergência de todos eles que os preços se materializam. Por conseguinte, qualquer que seja a proposta de *pricing* utilizada, deverá tê-los em conta, pois são eles que, em última instância, determinam o retorno econômico-financeiro do ofertante.

---

2 FERRELL; HARTLINE (2011, p. 235-242).

3 HANNA; DODGE (1997, p. 11).

3.2.1 O VETOR "ATRIBUTOS DA OFERTA"

O primeiro e básico vetor a direcionar o preço de uma oferta é constituído por seus atributos. Atributos da oferta são as características que definem, qualificam e distinguem um produto ou serviço de outros.

Os atributos de uma oferta ou objeto de venda podem ser classificados: quanto à sua inerência em intrínsecos e extrínsecos; quanto à sua tangibilidade em tangíveis e intangíveis; quanto à sua imanência em de uso e de sinalização; e quanto à sua percepção em percebidos e não percebidos como ilustra a Figura 3.2.

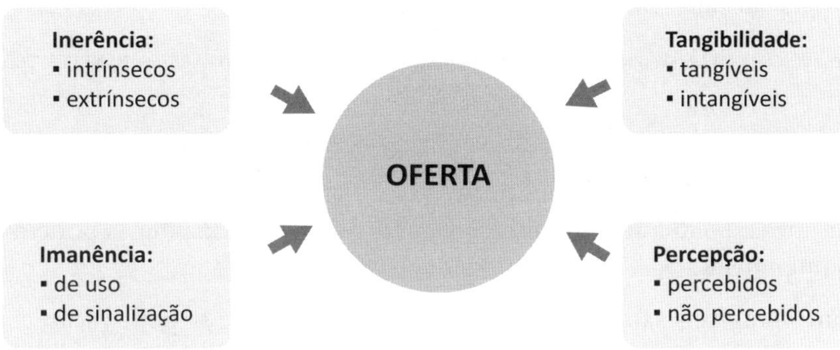

Figura 3.2 – Atributos da oferta.

3.2.1.1 Inerência

A inerência da oferta se refere aos atributos intrínsecos e extrínsecos do bem ofertado.

Atributos intrínsecos são as características físicas da oferta – *e.g.*, tamanho, peso, composição, embalagem, design, sabor, cor, odor e textura – que servem para identificar, entre outros aspectos, sua utilidade, funcionalidade, custo, conveniência, aparência, qualidade, durabilidade e sustentabilidade (Figura 3.3).

Os atributos extrínsecos, por sua vez, são aquelas características associadas, porém não inerentes ao produto. São exemplos deles o preço, o prazo de pagamento, a assistência técnica, os serviços de entrega, a garantia, a possibilidade de testar a oferta e a imagem do produto, da marca, do prestador do serviço ou da empresa.[4]

---

[4] Sharp (2017, p. 20-21, 166-171), em *How brands grow: como as marcas crescem*, realça, nesse sentido, a importância dos diferenciais da marca (*distinctive assets*) como cores, logotipo, fontes, símbolos e slogans.

Figura 3.3 – Atributos intrínsecos e extrínsecos.

Fonte: adaptada de *Marketing no agribusiness* de Zylbersztajn e Neves (ZYLBERSZTAJN; NEVES, 2000, p. 120).

3.2.1.2 Tangibilidade

No que diz respeito à sua tangibilidade, os atributos de uma oferta podem ser tangíveis ou intangíveis.

Atributos tangíveis são aqueles concretos, materiais, que se pode tocar, como forma, volume, dureza e aspereza. Atributos intangíveis são os que não se pode tocar ou apalpar, como o design, o preço e os serviços que acompanham o produto.

Diz-se ainda que atributos tangíveis podem ser possuídos e os intangíveis somente experienciados.[5]

As redes de *fast-food* McDonald's e Subway são uma convincente demonstração de quanto o gerenciamento eficaz dos atributos tangíveis e intangíveis pode ser decisivo para o sucesso dos preços praticados.

3.2.1.3 Imanência

Porter, por sua vez, também classificou os atributos de uma oferta em dois grupos, só que de acordo com sua imanência em atributos de uso e atributos de sinalização.

Os atributos ou singularidades relacionados ao custo, à utilidade e ao proveito do objeto de venda fazem parte do grupo de critérios de uso do comprador, a exemplo das características físicas do produto, do prazo de entrega e dos serviços de assistência técnica.

Em vez desses, os atributos que não compõem o produto, mas influenciam a percepção que o comprador tem da oferta, como a publicidade, o portfólio de clientes, a

5 SHOSTACK (1977).

participação de mercado e a reputação do ofertante, pertencem ao grupo de critérios de sinalização do comprador.[6]

3.2.1.4 Percepção

De outra parte, quanto à percepção do valor da oferta, seus atributos podem ser percebidos ou não percebidos.

Atributos percebidos são todos aqueles, reais ou imaginários, que o comprador atribui à oferta. Atributos não percebidos são aqueles que, mesmo existindo, o comprador não percebe como parte da oferta.

Um exemplo de percepção de valor é a ideia de que todo vinho espumante de origem francesa, mais conhecido como *champagne*, é superior ao nacional, o que pode não ser verdade.

Via de regra, o peso de um atributo não resulta de sua capacidade de atender a necessidades ou desejos, mas de essa capacidade ser percebida pelo cliente. Por isso mesmo, são os atributos com tal propriedade que definem a vantagem competitiva da oferta e dão suporte à prática de preços.

Segundo MacDivitt e Wilkinson, existem três tipos de atributos promotores do valor percebido pelo cliente: a vantagem na receita (*revenue gains*), a vantagem no custo (*cost reductions*) e a recompensa psicológica (*emotional contribution*).[7] Juntos eles compõem a tríade da percepção de valor, como ilustra a Figura 3.4.

Figura 3.4 – Tríade da percepção de valor.

Fonte: adaptada de MacDivitt e Wilkinson (2012, p. 14).

6 PORTER (1990, p. 131-134).

7 MACDIVITT; WILKINSON (2012, p. 13-16).

O atributo *vantagem na receita* é aquele percebido como um ganho na receita do cliente (por exemplo, na aquisição do fertilizante destinado a aumentar a produtividade da lavoura), por isso mesmo objetivo e na maioria das vezes quantificável. O atributo *vantagem no custo* é aquele percebido como responsável por um decréscimo dos custos do cliente (por exemplo, a instalação de um equipamento gerador de energia solar substituindo o consumo de energia elétrica e óleo diesel), portanto também objetivo e geralmente quantificável. E o atributo *recompensa psicológica* é aquele percebido como promotor de satisfações de natureza psicológica – sensações e emoções –, por exemplo, uma caminhonete cabine dupla, 4×4, diesel, como símbolo de status, daí portanto subjetivo e de difícil mensuração.

Além disso, o atributo *vantagem no custo* é, com frequência, mais determinístico que o atributo *vantagem na receita*. Isto porque a vantagem na receita baseia-se, no mais das vezes, em uma previsão que necessitará ser comprovada ao longo do tempo, como ocorre na aquisição do citado fertilizante, ao passo que a comprovação da vantagem no custo é imediata, ou quase, como é o caso da substituição da fonte de energia.

Outra consideração a ser feita é que o valor da recompensa psicológica varia muito de cliente para cliente. Enquanto para um produtor a posse da caminhonete há muito almejada é a prova de seu sucesso, e por isso mesmo muito gratificante, para outro é o prêmio de melhor produtor do ano que atende a essa necessidade.

3.2.2 O VETOR "PRETENSÕES DO OFERTANTE"

O segundo vetor a atuar na determinação do preço são as pretensões do ofertante.

Como anteriormente anunciado, os preços têm o objetivo último de gerar o melhor resultado econômico possível para o ofertante do bem ou serviço.

Para tanto o ofertante precisa não só satisfazer as necessidades e desejos dos compradores, mas também fazê-lo antes que outros o façam. Isso significa que suas pretensões de preço estarão sujeitas à seguinte ordem de prioridades: 1° maximizar o lucro do ofertante; 2° satisfazer as necessidades e desejos do comprador; e 3° evitar que seus concorrentes o façam, como retrata a Figura 3.5.

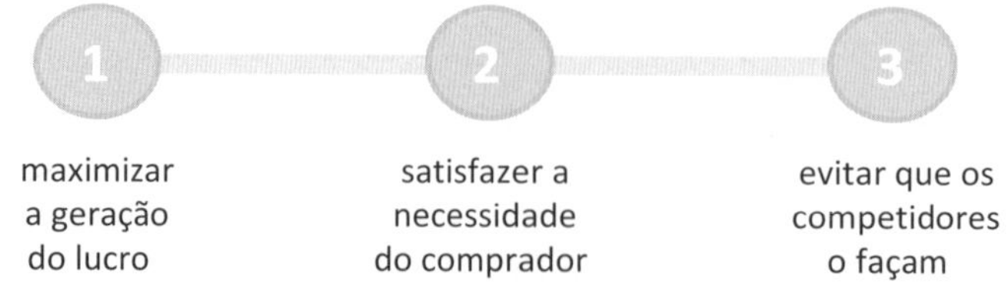

Figura 3.5 – Pretensões do ofertante.

Para atender a tais pretensões, existem condicionantes internos à organização a serem respeitados, quais sejam: (a) a expectativa de desempenho do negócio; (b) as condições de operação do ofertante; e (c) as pressões circunstanciais internas,[8] explicados a seguir.

3.2.2.1 Expectativa de desempenho do negócio

A expectativa de desempenho do negócio é o resultado econômico, financeiro, operacional e mercadológico esperado pelo ofertante.

Ele pode ser expresso em termos de retorno sobre o capital investido, faturamento, margem sobre as vendas, custo, geração de caixa, participação de mercado, ocupação da capacidade instalada ou qualquer outro indicador geral de performance.[9]

Como determinante do preço, a expectativa de desempenho é importante, porém nem sempre mandatória. Assim é porque o mercado impõe restrições às pretensões de aumento dos preços, expansão das vendas, redução de custos ou ganhos de rentabilidade. Mesmo as grandes empresas precisam respeitar essas restrições e acomodar suas pretensões à realidade do mercado, como aconteceu após as crises econômicas de 2008, 2015 e 2020.

Nada impede que um ofertante inclua em seu planejamento metas um tanto audaciosas, como 15% de crescimento anual do faturamento, 20% de rentabilidade líquida sobre as vendas, 30% de retorno anual sobre o capital investido, 40% de participação de mercado e 100% de ocupação da capacidade instalada.

Como declaração de uma ambição pessoal, de um conjunto de boas intenções ou como forma de pressionar as equipes envolvidas, todas essas metas são, digamos, "orçamentáveis". Prova disso é o exemplo dado pelo conselho de administração da Nestlé Suíça, que, diante da margem de lucro operacional de 16% alcançada em 2016,[10] estabeleceu as metas de 17,5% a 18,5% de margem até 2020.

A Nestlé assim o fez por deter as vantagens competitivas da maior processadora de alimentos do planeta. Pode, contudo, este tipo de proposta ser estendido a outras empresas do agribusiness?

Metas de faturamento ambiciosas pressionam os preços e as margens para baixo; metas de rentabilidade das vendas e de retorno do investimento elevadas empurram os preços para cima. Considerando ambas as contingências, conclui-se que, para

---

8 Lamm e Vose (1988), em "Seller pricing strategies: a buyer's perspective", enumeram três tipos de variáveis internas que influenciam a determinação de preços: as características do ofertante, a orientação da administração e os métodos contábeis e de custeio.

9 CRAWFORD (1997).

10 REUTERS (2017).

satisfazer as expectativas de desempenho do ofertante, não basta o gestor de preços pressionar pela redução dos custos e melhoria dos preços. É imprescindível que ele também participe da fixação das metas.

Há que se levar em conta, por outro lado, que não existe uma margem normal ou ótima que sirva de parâmetro para as pretensões de um ofertante. Como veremos no Capítulo 6, que trata da margem de lucro, a rentabilidade média sobre a receita líquida alcançada pelas 500 maiores empresas brasileiras no período de 2009 a 2018 variou de -3,4% a +10,5%. Isso sem contar o fato de que esse indicador estatístico pode esconder tanto rentabilidades de 30% como de 1% sobre o preço de venda e, mesmo neste último caso, representar um lucro considerável.

Ademais, em se tratando de margem de rentabilidade, nem mesmo existe um procedimento de apuração padronizado. Enquanto alguns ofertantes usam o *markup*, a margem líquida ou a margem bruta sobre o preço de venda, outros se valem da margem de contribuição também conhecida como contribuição marginal, da margem sobre a receita líquida e da margem após os impostos sobre o lucro.

3.2.2.2 Condições de operação

Para atingir o desempenho esperado, o ofertante necessita dispor das condições adequadas de operação. Dentre essas condições figuram, em especial, o custo do objeto de venda, a capacidade de produção, as fontes de suprimento, a disponibilidade de mão de obra qualificada, o mix de produtos, a equipe de vendas, o sistema de distribuição, a disponibilidade de recursos financeiros e a competência gerencial.[11]

A experiência empresarial nos adverte que problemas ocorridos em qualquer dessas condições podem dificultar ou até mesmo impedir o alcance das metas propostas. Outras vezes são eventos externos desfavoráveis associados a dificuldades internas que frustram as expectativas existentes.

O relato do gestor de uma fábrica de calçados femininos, a seguir, dá uma ideia da multiplicidade de fatores que podem estar envolvidos no alcance do desempenho almejado.

---

[11] Tanto o guia da FAO *Farm business analysis using benchmarking* (KAHAN, 2010) como o portal da web *Agri benchmark*, do Thünen Institute (http://www.agribenchmark.org/home.html) fornecem informações bastante úteis para a avaliação das condições de operação e do desempenho da atividade agropecuária.

As vendas foram ótimas, mas...

Era mês de agosto, época de lançar a coleção de verão. Nós, sócios, esperávamos ter um bom resultado naquele semestre. Um estilista conceituado havia desenvolvido os modelos de nossa coleção com base na tendência europeia. Ela era composta por vinte sandálias femininas, tamanho adulto, de salto baixo, estilo casual, em diferentes materiais: couro bovino, tecido, sintéticos, cortiça, acessórios de metal. Consultamos nossos fornecedores para saber do custo dos materiais e o pessoal de produção sobre a produtividade interna. Calculamos cuidadosamente o custo de cada modelo adicionando uma margem de segurança de 10% para compensar eventuais acréscimos nos preços dos insumos e problemas de produtividade. Entregamos os mostruários para nossa equipe de vendas e aguardamos o resultado. Em poucas semanas iniciou-se uma enxurrada de pedidos. O lançamento agradara em cheio. Iniciamos a produção conforme o programado. A produtividade inicial era baixa, mas sabíamos que cresceria à medida que o tempo fosse passando; como de fato aconteceu. Foi então que surgiram as primeiras dificuldades. Algumas matérias-primas começaram a escassear. Outras, a terem seus preços aumentados bem acima do que havíamos previsto. Uma solução seria comprarmos à vista, porém não tínhamos capital de giro para tanto. Alguns modelos de sandália, justamente os mais vendidos, tinham uma produtividade extremamente baixa. Começamos a atrasar as entregas e os clientes a reclamar. Em seguida, passamos a concordar com os altos preços das matérias-primas e a contratar pessoal. Como outras fábricas da região também estavam contratando e em relação às grandes empresas tínhamos pouco poder de barganha, tivemos dificuldade para conseguir profissionais experientes que nos dessem uma resposta rápida. Com isso, a margem de rentabilidade dos produtos caiu. Vários produtos passaram a dar prejuízo. Estávamos entregando somente 60% das encomendas. A insatisfação dos clientes e da equipe de vendas aumentou. A pressão só diminuiu em janeiro, mas aí já era tarde. Os lojistas estavam liquidando os estoques de verão e pensando nas coleções de inverno. Apesar de termos acertado no lançamento e trabalhado muito, aquele foi um semestre ruim.

Fonte: A empresa saudável: tendências da gestão (ECKHARD, 2016, p. 108-109).

Para Morris e Morris, as condições operacionais adequadas resultam de um acordo de boa vontade entre as partes envolvidas no atendimento ao cliente. Desde os responsáveis pelo projeto do produto ou serviço até os encarregados da entrega da encomenda.[12]

Em que pese a existência ou não desse acordo, certas precauções administrativas costumam trazer bons resultados nesse sentido, tais como:

[12] MORRIS; MORRIS (1992, p. 71-72).

- não postergação dos investimentos necessários e da contratação de pessoal qualificado;
- definição dos padrões de atendimento ao cliente, a exemplo da qualidade do objeto de venda, dos prazos e condições de entrega e da assistência pós-venda;
- liberação de canais de comunicação entre a equipe de vendas e demais áreas do ofertante, especialmente produção e finanças;
- promoção de encontros entre a área comercial e demais para discussão das iniciativas previstas, mix de vendas, reivindicações dos clientes, ações promocionais e ajustes na equipe;
- informação inequívoca aos agentes de venda sobre preços e demais condições de venda, inclusive creditícias;
- informação em tempo real à equipe de vendas sobre o andamento das encomendas e dificuldades de produção e entrega emergentes;
- definição de responsáveis pela arbitragem de conflitos interdepartamentais de forma a evitar vazios de poder e procrastinação de soluções.

3.2.2.3 Pressões circunstanciais internas

Outro importante condicionante das pretensões de um ofertante são as pressões circunstanciais internas (*indoor pressures*) exigindo preços e condições especiais de negociação. Em outras palavras, são os constrangimentos aos quais o gestor de preços está sujeito em função de demandas extraordinárias e de curto prazo feitas por setores e integrantes da própria organização.

É comum tais pressões terem por objetivo:

- acompanhar a oferta de um concorrente;
- conquistar um cliente;
- atingir, no final de um período, uma meta de faturamento;
- servir de isca ou preço de referência em campanha promocional;
- promover a venda vinculada de outro produto ou serviço;
- gerar fluxo emergencial de caixa;
- promover a venda de produto malsucedido;
- reduzir a ociosidade momentânea;
- diluir o custo de entrega com a ampliação do tamanho da encomenda;
- reduzir o estoque de produtos prontos no final do mês ou do exercício;
- consumir matérias-primas que se encontram estagnadas;
- desovar estoque com prazo de validade muito curto;

- desfazer-se de mercadoria obsoleta ou de pouco giro;
- desfazer-se de mercadoria devolvida ou com problema de qualidade;
- reduzir estoque com alto custo de armazenagem;
- abrir espaço em armazém abarrotado;
- viabilizar operação comercial de notório prestígio ou grande visibilidade; e
- complementar a receita de parceiros comerciais, como representantes comerciais, distribuidores, transportadores e prestadores de serviços.

Todas essas demandas fazem parte do cotidiano de um gestor de *pricing*. Não há como evitá-las, assim como não há maneira de, sistematicamente, não as atender.

O cuidado a se ter nessas situações é que as exceções feitas não se repitam com a frequência e vulto que acabem comprometendo o desempenho esperado.

3.2.3 O VETOR "CONDIÇÕES DE MERCADO"

O terceiro vetor da precificação são as condições do mercado no qual o ofertante atua ou pretende atuar.

Essas condições são decisivas para o sucesso do composto de oferta pela simples razão de que, por mais atributos que o produto ofertado possua e por mais plausíveis que sejam as pretensões do ofertante, sem as condições favoráveis de mercado os preços propostos não atingem seus objetivos.

Dito de outra forma, "embora a situação do mercado, a avaliação dos compradores e os custos do produto sejam importantes determinantes do preço de uma oferta, também o setor de atividade, a estrutura do mercado, as condições econômicas em geral e as restrições legais atuam, de forma singular ou combinadamente, impondo restrições à prática de preços".[13]

Também é senso comum que, em um cenário de concorrência perfeita e de produtos padronizados, os preços são determinados pela interação das forças de oferta e demanda (lei da oferta e da procura), especialmente no caso das chamadas commodities agrícolas.

Em se tratando, contudo, de um ofertante em particular em regime de concorrência imperfeita e de objetos de venda não padronizados, além das forças de oferta e demanda, assumem significativa importância a atuação de seus concorrentes diretos, as facilidades de acesso à sua oferta e o ambiente de negócios no qual esse mesmo ofertante se encontra inserido.

---

[13] HANNA; DODGE (1997, p. 11, minha tradução).

Daí o motivo de, em nossa abordagem, desdobrarmos o vetor "condições de mercado" em seus subconjuntos "comportamento da oferta", "comportamento da demanda", "ação dos concorrentes", "acesso à oferta" e "ambiente de negócio", constantes da Figura 3.6 e que serão abordados a seguir.

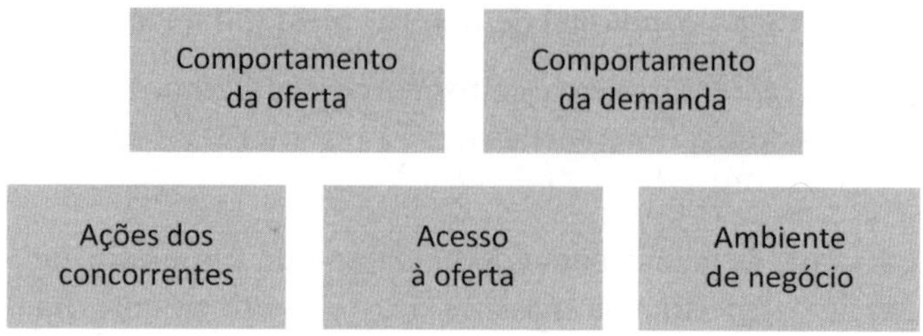

Figura 3.6 – Desdobramento do vetor condições de mercado.

3.2.3.1 Comportamento da oferta

Oferta, por definição, é a quantidade de um bem ou serviço que os vendedores oferecem em determinado mercado, por certo preço, em um período específico de tempo.[14]

O ajuste do preço

Cabe ao ofertante, de acordo com sua conveniência, decidir qual preço aceitar. Não obstante, sua conveniência sempre estará sujeita ao apetite dos compradores por seu produto, o que é valido tanto para uma oferta em particular como para a oferta total.

Por conseguinte, o ajuste dos preços praticados pelo ofertante é quase automático. Toda vez que ele aumenta a sua oferta sem um correspondente acréscimo em sua demanda, ele tende a aceitar preços menores. E toda vez que a demanda de um produto ou serviço por ele ofertado se revela maior que sua capacidade de atendê-la, ele tende a priorizar as ofertas com preços mais vantajosos.

Outra razão para a alteração do preço são as informações que circulam acerca da comercialização da oferta. Entre elas destacam-se as notícias sobre volumes de oferta e demanda, qualidade do produto, dificuldades de transporte e armazenagem, escassez de matéria-prima, mudança de hábitos de consumo, volumes de exportação, disputas comerciais, paralizações setoriais, variações da taxa de câmbio, alterações tributárias, imposição de barreiras comerciais, ocorrência de pragas e epidemias e variação das condições climáticas.

---

[14] Wonnacott e Wonnacott (1994, p. 64), em *Economia*, conceituam oferta como "o quanto [os ofertantes] estariam dispostos a vender a um preço determinado".

A oportunidade da oferta

O complemento verbal "em um período específico de tempo" contido na definição de oferta refere-se à sua oportunidade, especialmente nos casos de produtos ditos "de safra". Já a especial relevância da oportunidade decorre do fato de que períodos de colheitas bem-sucedidas ou de aumento da produção geram uma oferta excedente que, se não vier acompanhada de acréscimos no consumo interno ou nos volumes exportados, pode ocasionar quedas de preços que anulem os ganhos com o incremento ocorrido. E vice-versa.

De idêntica maneira, as oscilações na oferta internacional, especialmente as provocadas pelas safras norte-americanas, por suas dimensões, podem alterar significativamente o preço de comercialização de um produto agrícola, independentemente de sua oferta e demanda internas.

De outra parte, argumentos a favor do aumento da oferta, especialmente no setor agroindustrial, sugerem que ele proporciona melhor aproveitamento da estrutura operacional do ofertante (instalações, matéria-prima, pessoal), gerando expressivos ganhos de escala. Deve-se considerar, todavia, que, mesmo essas vantagens sendo reais, precisam vir acompanhadas de um acréscimo das vendas sem impor sacrifícios aos preços praticados que as anule ou as transforme em prejuízo.

O aumento exagerado no alojamento de matrizes poedeiras e na produção de ovos férteis nas épocas de euforia da demanda de frangos e seus derivados é um bom exemplo dos danos causados pelo excesso de oferta de um produto. Passada essa euforia, após haver forçado expressivas quedas no preço dos ovos férteis, tal situação obrigou muitos produtores a venderem esses mesmos ovos para consumo a preços aviltantes em lugar de serem vendidos a preços compensadores para serem incubados e gerarem pintos de um dia.

O potencial de substituição

Outro aspecto importante da oferta é seu potencial de substituição. Potencial de substituição de um produto ou serviço ofertado é a capacidade de outros produtos ou serviços o substituírem com idêntica ou maior vantagem para o comprador.[15]

A esse respeito, cabe lembrar que existem produtos idênticos, similares e substitutos à oferta original. Isto é, além dos produtos idênticos, também os produtos similares ou substitutos podem atender o mesmo interesse do comprador.

Tomemos o caso específico do setor de hortifrutigranjeiros de um supermercado. Nele seu cliente, ao fazer a avaliação das ofertas existentes para compor seu prato de acompanhamento (salada), poderá substituir de forma satisfatória a variedade de tomate Carmem ("longa vida") a granel por (a) tomates da mesma espécie, porém

---

[15] Porter, em *Vantagem competitiva: criando e sustentando um desempenho superior* (1990, p. 251-287), dedica um capítulo inteiro ao tema "substituição de produtos".

selecionados; (b) tomates embalados; (c) tomates da variedade Caqui; ou (d) um produto substituto, como alface, cenoura ou pepino.

Em seu lugar, o comprador para um restaurante no qual um dos acompanhamentos servidos é uma salada de tomate com palmito, por estar convencido que a variedade de tomate italiano é mais saborosa, menos ácida e que possui o formato adequado para ter suas postas intercaladas às fatias de palmito, poderá encontrar dificuldade em substituí-la. Consequentemente, esse comprador tenderá a ser menos sensível às eventuais diferenças de preço com que se deparar.

É esse tipo de percepção que dá origem ao esforço de diferenciação da oferta e do qual as peças publicitárias da maionese Hellmann's ("a verdadeira maionese") são uma boa referência.[16] Além de passar a mensagem de que a maionese Hellmann's é um produto único, insubstituível, elas dão suporte à prática de sobrepreços da marca.

Bens primários e secundários, commodities e produtos diferenciados

Haja vista a significância dos procedimentos de diferenciação da oferta, dos quais o da Hellmann's é um exemplo, cabem algumas observações a respeito de bens primários e secundários, commodities e produtos diferenciados.

Bens primários são aqueles que não sofreram transformação, como o trigo em grão, a madeira bruta e a carne suína *in natura*. Bens secundários, em vez disso, são aqueles que sofreram algum tipo de transformação, como os derivados do trigo, da madeira e da carne suína.

Já uma commodity agrícola, como vimos, é qualquer bem negociável de origem vegetal ou animal, padronizado, armazenável, geralmente de baixo valor agregado e transacionado em grandes quantidades. Mesmo assim, nem todo bem primário é uma commodity e nem toda commodity é um bem primário. A soja em grão é um bem primário e também uma commodity; o óleo de soja e o farelo de soja são commodities, porém não são bens primários, pois já sofreram um processo de esmagamento que os transformou em bens secundários.

Por sua vez, produtos diferenciados são aqueles que possuem algum valor agregado em relação ao produto comoditizado, gerados, via de regra, mediante um processo de transformação.

Precificação do valor agregado

O preço de comercialização dos bens primários é basicamente determinado pelo mercado. Ele não é arbitrado pelo ofertante porque, não tendo sido transformado, é

---

16 Ver vídeo *O sabor irresistível da verdadeira maionese* disponível na plataforma YouTube: https://www.youtube.com/watch?v=qNdwzvnWlNU.

difícil diferenciá-lo e agregar um valor por sua diferenciação. As exceções são os casos em que as características inerentes ao produto estabelecem sua diferenciação, como a soja com maior concentração de proteína, o algodão com fibra de melhor qualidade, o trigo com maior teor de glúten, o suíno para abate das raças Landrace e Duroc e o bovino da raça Angus e de zona livre da febre aftosa.

Considerando tais diferenças, o procedimento mais evidente para aumentar as chances de ganho de preço seria o de transformar os produtos primários e as commodities em produtos diferenciados, com valor agregado. Acontece que isso nem sempre é válido, pois nem todo processo de transformação e agregação de valor da oferta é compensador. Agregar valor tem um custo, e esse custo pode ser maior que o valor adicionado ao produto. É bem provável que o Brasil exporte muita soja ainda em grão porque o diferencial de preço do óleo e do farelo de soja exportado é maior que o custo do esmagamento desse grão no país de destino.

Padronização e controle da qualidade

De resto, convém destacar o valor da padronização e do controle de qualidade da oferta. Isso porque, uma vez que os compradores estejam habituados ou tenham a expectativa de serem atendidos dentro de determinados padrões – o que inclui as características do produto e a qualidade dos serviços –, qualquer alteração desses padrões pode causar, de imediato ou no longo prazo, a descaracterização da oferta, o desgaste da imagem do ofertante e a perda de clientes. Pois, como alerta Aaker, "a reputação de entrega da proposição de valor pode ser um ativo mais importante do que a substância que forma a base dessa reputação".[17]

3.2.3.2 Comportamento da demanda

Demanda ou procura é a quantidade de um produto ou serviço que os compradores de um determinado mercado estão dispostos a adquirir a certo preço em um período específico de tempo.[18]

Demanda real e potencial

A quantidade demandada pode ser tanto real (efetiva) como potencial (latente). Para a indústria brasileira de laticínios, a quantidade demandada real de iogurte é

---

17 AAKER (2007, p. 151).

18 Para Wonnacott e Wonnacott (1994, p. 63), demanda é "uma relação que demonstra as quantidades de um bem ou serviço que os compradores estariam dispostos e seriam capazes de adquirir a diferentes preços de mercado", válida "para uma população específica em um período específico de tempo".

conhecida como em torno de 1,2 milhão t/ano.[19] Enquanto isso, a quantidade da demanda potencial, suponhamos, do iogurte com tâmaras em potes de 170 g (ainda não disponível no mercado) é uma incógnita.

Elasticidade-preço da demanda

Uma das propriedades da demanda é sua elasticidade-preço, ou seja, a variação da quantidade demandada de um bem ou serviço diante de diferentes preços de oferta.

A elasticidade-preço da demanda pode ser elástica, inelástica ou unitária. A demanda é elástica quando a variação relativa na quantidade vendida é superior à variação relativa no preço praticado. Exemplificando, se a redução de 10% no preço da maçã "Fuji Suprema" fizer sua demanda crescer 20%, essa demanda é elástica.[20]

A demanda é inelástica quando a variação relativa da quantidade demandada é inferior à variação relativa ocorrida no preço. Assim, se a redução de 10% no preço da maçã "Fuji Suprema" fizer sua demanda crescer somente 5%, essa demanda será considerada inelástica.

Os gráficos da Figura 3.7 servem para ilustrar essa diferença.

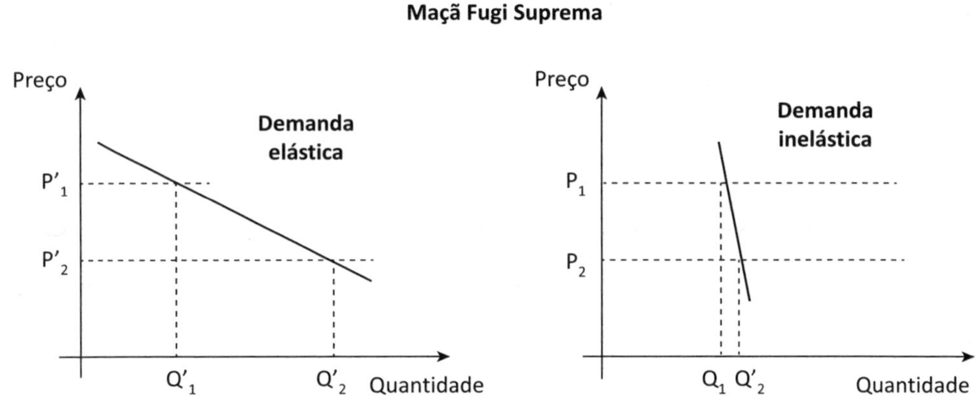

Figura 3.7 – Elasticidade da demanda em relação a variações no preço.

O caso mais emblemático de inelasticidade da demanda ocorreu com o café brasileiro após a crise econômica de 1929. O preço da saca de café no mercado internacional caiu quase 90%, e as exportações brasileiras, destino da maior parte da produção

---

[19] Tosi (2017), *O que o iogurte revela sobre o tamanho da crise brasileira*, citando pesquisa da Nielsen do Brasil.

[20] Para uma abordagem mais abrangente da elasticidade da demanda, ver *Determinação de preços*, de Diamantopoulos (BAKER, 2005, p. 249-253).

do país, declinaram de US$ 445 milhões em 1929 para US$ 180 milhões em 1930. Para vender suas colheitas, os produtores de café aceitavam preços cada vez menores. Apesar disso, a quantidade demandada pouco aumentava. A solução encontrada pelo governo brasileiro foi adquirir e queimar o excedente da safra (em torno de 80 milhões de sacas) de forma a regularizar o mercado, manter um mínimo de renda aos produtores rurais e garantir empregos.

Em seu lugar, a demanda é unitária quando a variação relativa do preço do bem ou serviço comercializado é igual à variação relativa de sua quantidade demandada.

Ao levar em conta a receita total gerada por cada uma dessas três possibilidades de elasticidade da demanda, o gestor de preços se veria inclinado a reduzir seu preço quando a demanda fosse elástica, aumentá-lo quando se revelasse inelástica e, em princípio, não agir quando sua elasticidade fosse unitária, como sugere o Quadro 3.1.

Quadro 3.1 – Variação da receita em relação à mudança do preço

Espécie de demanda	**Efeito sobre a receita total**	
	Redução do preço	**Aumento do preço**
Demanda elástica ($e_{(p)} > 1$)	aumento da receita	redução da receita
Demanda inelástica ($e_{(p)} < 1$)	redução da receita	aumento da receita
Elasticidade unitária ($e_{(p)} = 1$)	variação insignificante	variação insignificante

Fonte: adaptado de Mendes e Padilha Jr. (2007, p. 78).

Ocorre que, para o ofertante, mais do que o volume de venda ou a receita total, o que interessa é o lucro líquido que as alterações de preço possam proporcionar. Porém esse ganho nem sempre acontece, pois até grandes aumentos no volume de vendas podem não contribuir para o aumento dos lucros. A razão disso é que, em certos casos, ao reduzir o preço de venda, o lucro de cada unidade vendida passa a ser menor ainda.[21]

Para demonstrar essa possibilidade, a Tabela 3.1 apresenta um exemplo de demanda elástica e prejudicial ao ofertante do produto "Alho Nacional Nobre, 1 kg".

[21] Ver *O que as promoções de preço realmente fazem*, de Dawes e Scriven (SHARP, 2017, p. 209).

Tabela 3.1 – Resultado líquido da variação da demanda

ALHO NACIONAL NOBRE, 1 KG					
Mês	**Comercialização**			**Resultado líquido**	
Outubro	R$ 10,00	10.000	R$ 100.000,00	R$ 1,20	R$ 12.000,00
Novembro	R$ 9,00	12.000	R$ 108.000,00	R$ 0,80	R$ 9.600,00
Variação	**–10,0%**	**+20,0%**	**+8,0%**	**–33,3%**	**–20,0%**

Como visto no exemplo dado, a elasticidade se mostrou prejudicial porque a redução de 10% no preço unitário, mesmo tendo gerado um acréscimo de 20% na quantidade vendida e de 8% na receita total, foi responsável por uma queda de 20% no lucro líquido obtido.

Estágio do ciclo de vida da oferta

O aspecto seguinte a destacar são os estágios do ciclo de vida do produto ou serviço ofertado. Isto porque a cada estágio previsto – desenvolvimento, introdução, crescimento, maturidade e declínio – corresponde um diferente nível de demanda, rentabilidade e preço.[22]

A Figura 3.8 retrata a evolução do ciclo de vida de um objeto de venda sob a perspectiva da venda e do lucro por ele gerado. Nele, enquanto na fase de desenvolvimento do produto a venda é inexistente e o lucro negativo, a partir da sua introdução a demanda vai aumentando e o lucro se fazendo presente. Prosseguindo, em sua maturidade a venda e o lucro atingem seu pico, para depois disso entrarem em um período de queda gradual que caracteriza seu estágio de declínio.

Quanto aos preços praticados em cada um desses estágios, principalmente se tratando de commodities, é comum acompanharem o comportamento da demanda. Assim, no estágio de introdução o preço é reduzido, mesmo com pequena diferença, para conquistar clientes e gerar vendas; nos estágios de crescimento e maturidade os preços são elevados em função da procura existente; e no estágio de declínio os preços são novamente reduzidos, na tentativa de manter um volume sustentável de faturamento.

---

[22] NAGLE; HOLDEN (2003, p. 169-190), MORRIS; MORRIS (1992, p. 29-32).

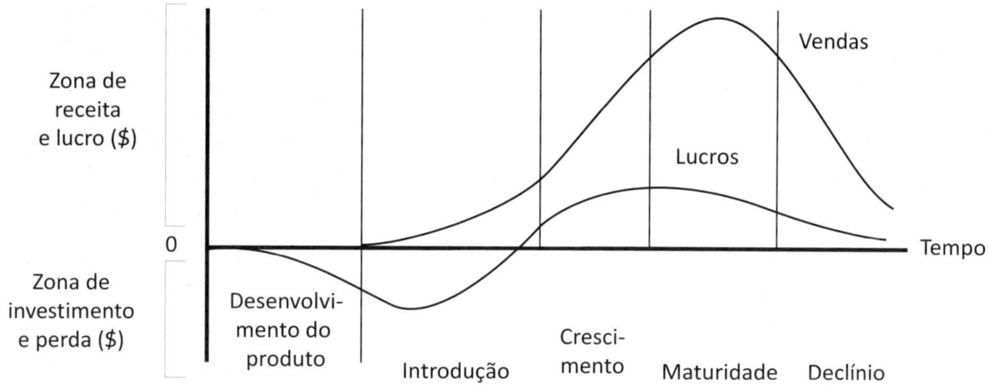

Figura 3.8 – Estágios do ciclo de vida de um produto.

Fonte: Nagle e Holden (2003, p. 169-190); Morris e Morris (1992, p. 29-32).

Todos esses indutores de preço, entretanto, não excluem a possibilidade de posturas ou intervenções que os contrariem,[23] a exemplo das referidas a seguir.

Imaginemos, para tanto, a oferta de um salgadinho industrializado (tipo *snack*) em pacote. Em sua fase de introdução o ofertante pode se valer de preços menores que os de seus concorrentes diretos (preço de penetração) ou executar uma campanha de divulgação destinada a valorizar o produto e possibilitar a cobrança de sobrepreços (preço prêmio). Em seu lugar, em sua fase de crescimento e maturidade, o preço pode ser mantido e o volume de vendas garantido por meio da qualificação da força de vendas e da diversificação da rede de distribuição. E em sua fase de declínio a ênfase pode ser a revitalização do produto mediante novos sabores, nova embalagem e nova campanha de divulgação que, desta forma, dispensem a necessidade de decréscimo do preço praticado.

Outros aspectos relevantes da demanda

Outros aspectos da demanda também contam. Notadamente, a possibilidade da substituição do objeto de venda, a renda dos compradores, o período de compra[24] e a demanda de produtos e serviços aos quais o bem ofertado está vinculado.

O potencial de substituição do objeto de venda foi comentado no tópico "Comportamento da oferta".

Quanto ao comportamento da demanda em relação à variação da renda dos compradores, é útil ter presente que tanto o acréscimo como o decréscimo da renda disponível

---

23 Para outras considerações e exemplos a esse respeito, ver Smith (2012, p. 286-297).

24 MENDES; PADILHA JR. (2007, p. 72-76).

podem ter dois tipos de consequência. A primeira é o comprador aumentar ou diminuir a quantidade adquirida (alteração da quantidade demandada) e a segunda é ele substituir sua aquisição por outro tipo de oferta (deslocamento da espécie demandada).

No período de 2015 a 2017, anos de acentuada queda no nível de emprego e renda do brasileiro, a redução do consumo de iogurte foi de aproximadamente 20%, o que parece demonstrar uma alta dependência da venda desse item à renda disponível.

Por seu turno, a variação dos preços em relação ao período de compra tem a ver com o volume ofertado e demandado e a urgência da pretensa aquisição. Quanto maior sua urgência, menor a sensibilidade do comprador ao preço praticado, e vice-versa. Datas festivas, como Natal, Dias das Mães, Dia dos Namorados, entre outras, costumam dar origem a aquisições em que os preços passam a ser de somenos importância. O mesmo acontece com as compras empresariais.

Por fim, no que diz respeito à demanda vinculada, primeiro é necessário identificar os vínculos existentes entre eventos significativos. Por exemplo: a demanda de móveis para moradia encontra-se vinculada à construção e entrega de unidades residenciais (casas, apartamentos, hotéis, pousadas). Uma vez que esse vínculo e o volume de oferta estejam bem identificados, tais dados podem ser utilizados tanto para dimensionar a demanda potencial como para orientar o esforço de vendas e os preços a serem praticados.

3.2.3.3 Ação dos concorrentes

De acordo com Porter, a base fundamental do bom desempenho de um ofertante é sua vantagem competitiva sustentável. É esse posicionamento que lhe permite obter resultados no longo prazo acima da média de seus principais competidores.[25]

Essa vantagem competitiva é conquistada mediante estratégias genéricas de competição e dos acionadores de liderança em custo e diferenciação do ofertante já abordados no tópico "Grau de diferenciação do produto ou serviço" (Capítulo 2).

Porém, independentemente da estratégia por ele adotada, seus preços costumam ser alvo de investidas da concorrência tanto no curto como no médio e longo prazo. No curto prazo por ações temporárias (campanhas, promoções, liquidações), dando destaque às vantagens oferecidas pelo competidor, dentre elas o preço, a duração da ação e a disponibilidade para pronta entrega. No médio e longo prazo, com o lançamento de novos produtos concorrentes, aperfeiçoamento da cadeia de valor do objeto de venda e promoção das singularidades das ofertas e do valor por elas agregado.[26]

[25] PORTER (1990, p. 9 e 18).

[26] Várias dessas iniciativas são abordadas em *Gestão pela margem: o management dos negócios orientado para a otimização das margens* (ECKHARD, 2003, p. 251-330).

No que se refere às cadeias de valor, vale lembrar que o mesmo Porter insiste que o valor de uma oferta é gerado não só pelas iniciativas do próprio ofertante, mas também pelas atividades exercidas "corrente acima" (fornecedores) e "corrente abaixo" (distribuição) em relação a tais ofertas.[27]

Quanto à reação do ofertante às investidas promocionais de curto prazo dos competidores, as alternativas mais comuns são: (a) ignorá-las; (b) imitá-las; (c) confrontá-las; e (d) desviar-se delas.[28] Cada uma dessas opções tem consequências em termos de volume de vendas, custo e margem de rentabilidade que lhes são próprias.

Para ilustrá-las, e tendo em mente o mercado brasileiro de café solúvel, suponhamos que a marca líder de vendas desse produto venha a praticar, por tempo limitado, uma oferta em frasco de vidro de 200 g com 30 g adicionais ou um preço 10% inferior.

A partir dessa ocorrência, uma das possibilidades da marca desafiante é ignorá-la, evitando nesse período um confronto direto. Outra é imitá-la, fazendo imediata ou posteriormente o mesmo tipo de oferta. Ainda outra é confrontá-la com uma oferta do tipo "leve dois, pague menos". E uma quarta alternativa é desviar dela, desenvolvendo uma embalagem de custo reduzido (em polietileno ou metal, por exemplo) e oferecê-la com a mesma quantidade de produto a um preço 10% menor.

3.2.3.4 Acesso à oferta

O acesso à oferta é a quarta condição de mercado que exerce influência na definição do preço.

Esse acesso se desdobra através dos canais de informação, comercialização e distribuição dos bens e serviços ofertados. Principalmente por revendedores que, por delegação de seus produtores, fabricantes ou demais ofertantes, tratam da promoção, negociação e entrega dos objetos de venda a seus compradores.[29]

Alguns exemplos desses canais são as lojas de varejo, os distribuidores, os representantes comerciais, o telemarketing, a mala direta, a venda direta, a internet, assim como qualquer agente que colabore com a acessibilidade da oferta.

Segundo Kotler e Keller existem três aspectos a se destacar em relação a esses canais: os níveis de intermediação, o tipo de canal e as funções que o intermediário assume.[30]

Os níveis de intermediação costumam ser quatro. No nível 1 a venda é direta, sem intermediários, portanto é o próprio produtor/fabricante que as executa. No nível 2 existe um intermediário, o varejista. No nível 3 eles são dois, a cooperativa

---

27 PORTER (1990, p. 31-44).

28 Com uma abordagem um pouco diferente, Nagle, Hogan e Zale (2010, p. 258) referem-se às alternativas "ignorar", "acomodar", "atacar" e "defender".

29 KOTLER; KELLER (2016, p. 516).

30 KOTLER; KELLER (2018, p. 549-550).

de produtores ou atacadista e o varejista. No nível 4 são três, a cooperativa de produtores ou atacadista, o distribuidor e o varejista. E, atuando em paralelo ou substituindo um dos elos da cadeia e parte de suas funções, existem os corretores de commodities, os representantes comerciais e os vendedores em geral (Figura 3.9).

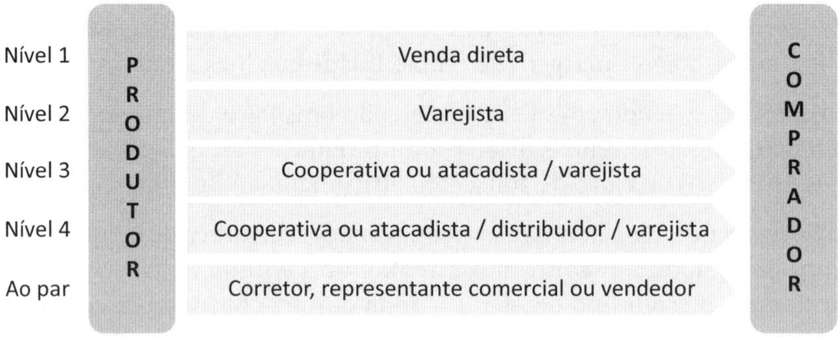

Figura 3.9 – Canais de comercialização.

Fonte: adaptada de Kotler e Keller (2018, p. 549-550).

Quanto a quais desses canais de comercialização utilizar, quer na opção mono, quer na multicanal, a escolha deve ser feita levando em conta não só sua cobertura de mercado, compatibilidade operacional e eficácia comercial, mas também a possibilidade da ocorrência de conflito de interesses e competição predatória.

Já no que se refere às funções assumidas pelo canal, os mesmos autores relacionam:

1) reunir informações sobre clientes atuais e potenciais, concorrentes e outros participantes e forças do ambiente de marketing;
2) desenvolver e disseminar mensagens persuasivas para estimular a compra;
3) negociar e entrar em acordo sobre preço e outras condições para que se possa realizar a transferência de propriedade ou posse;
4) formalizar os pedidos aos fabricantes;
5) levantar os recursos para financiar estoques em diferentes níveis no canal de marketing;
6) assumir os riscos relacionados à operação do canal;
7) fornecer condições para o armazenamento e transporte dos bens físicos;
8) fornecer condições para o pagamento das faturas dos compradores por meio de bancos e outras instituições financeiras; e
9) supervisionar a transferência real de propriedade de uma organização ou pessoa para outra organização ou pessoa.

Não obstante a visão desses autores, para o *pricing* importam três tipos de acesso, quais sejam:

a) o acesso às informações necessárias para tomar a decisão de compra;

b) o acesso aos meios de compra (contratação) e pagamento do produto ou serviço escolhido; e

c) o acesso físico que permite apossar-se do bem adquirido ou beneficiar-se do serviço contratado.[31]

Nos meios convencionais de comercialização – feiras, mercados, lojas –, esses três tipos de acesso acontecem simultaneamente. O cliente vai até o ponto de venda, colhe informações sobre o produto, efetua a compra, paga ou contrata o crédito e recebe a mercadoria. A única diferença entre essa forma de comercialização e outras mais antigas de atendimento ao cliente – como a prestada por caixeiros-viajantes e vendedores ambulantes (venda porta a porta) – é que nestas últimas o vendedor ia até o cliente em lugar de ele, o cliente, ir até o vendedor.[32]

A composição do custo dos alimentos embalados no mercado norte-americano na década de 1990, apresentado na Figura 3.10, dá uma medida da representatividade dos custos desses meios convencionais de distribuição nesse período.

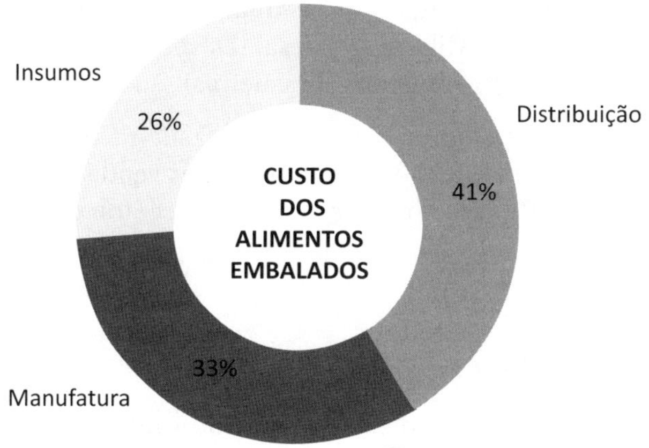

Figura 3.10 – Participação no custo final dos alimentos embalados.

Fonte: Rosembloon *apud* Zylbersztajn e Neves (2000, p. 130).

[31] Semelhantemente, Lovelock, Wirtz e Hemzo (2011, p. 137) fazem referência a três fluxos de distribuição inter-relacionados: informação e promoção; negociação; produto.

[32] Ver *Administração de marketing no Brasil* (COBRA, 2015, p. 4).

Acontece que a evolução dos meios de comunicação, transporte, comercialização e entrega das últimas décadas alterou substancialmente essa realidade. Desde os célebres catálogos de divulgação e encomenda postal da Sears norte-americana, que tanto sucesso fizeram naquele país na primeira metade do século XX, até as lojas virtuais, as transações pela internet e os pontos de venda automatizados atuais, os meios de informação, negociação e acesso físico ao objeto de venda passaram por uma intensa e radical transformação.

Hoje os clientes ainda são informados por vendedores porta a porta, catálogos postais, publicações de grande circulação e visitas a lojas. Contudo, sua importância diminuiu consideravelmente diante das novas formas de comunicação feitas mediante publicações especializadas, televisão a cabo, internet, smartphones, outdoors eletrônicos, eventos temáticos e espetáculos ao ar livre.

Por sua vez, a compra em si, além de ocorrer por meio de visitas a lojas, venda porta a porta e encomendas pelos correios, pode ser feita pela internet e por telefone, sem a necessidade da presença do cliente no ponto de venda e, em alguns casos, até mesmo da figura do vendedor.

Já a entrega, além de ágil, não possui mais limitações geográficas. A encomenda pode vir tanto do operador de *delivery* da esquina como de Miami ou da China. Isso quando a entrega não ocorre pela própria internet, como é o caso de filmes (*streaming*), ensino a distância (EaD) e arquivos digitais em geral.

Uma dimensão dessa transformação é expressa pelo crescimento das vendas e prestação de serviços pela internet, do qual Amazon, Ebay, Netflix e Indeed (norte-americanas), Spotify (sueca), Alibaba (chinesa), Despegar e Mercado Libre (argentinas), e Decolar, Mercado Livre e Buscapé (brasileiras) são bons exemplos.

Em números, de acordo com a Associação Brasileira de Comércio Eletrônico (ABComm), essa metamorfose fez com que em 2020 as vendas pela internet em nosso país atingissem a cifra de R$ 126,3 bilhões, o que representou um crescimento de 68% sobre o ano anterior.[33]

3.2.3.5 Ambiente de negócio

A última e mais abrangente condição de mercado a intervir na definição do preço é o ambiente de negócio no qual o agente econômico opera.

Segundo Farina, o ambiente de negócio – ou ambiente institucional – é constituído pelo sistema legal, tradições e costumes, sistema político, política macroeconômica, políticas setoriais e regulamentações governamentais,[34] o que deixa evidente sua capacidade de forte influência tanto no comportamento dos mercados como em qualquer que seja a iniciativa do ofertante.

---

[33] MANSANO (2021).

[34] Ver, de Farina, *Organização industrial no agribusiness* (ZYLBERSZTAJN; NEVES, 2000, p. 41).

Em que pese essa onipresença e pronunciada influência, o ambiente de negócio é mais visível e assertivo quando se trata de iniciativas específicas das autoridades constituídas e da sociedade civil organizada, a exemplo das seguintes:

- intervenções no mercado de moedas estrangeiras (câmbio);
- alterações nas taxas de juros e nos meios de pagamento;
- alteração dos preços administrados pelas autoridades competentes;
- modificações nas linhas de crédito governamentais;
- investimentos federais, estaduais e municipais;
- ações de estatização, privatização e concessão governamentais e celebração de parcerias público-privadas;
- mudanças na carga tributária federal, estadual e municipal;
- instauração ou revogação de benefícios fiscais específicos;
- estabelecimento e revogação de barreiras tributárias, ambientais e sanitárias à importação;
- estímulos governamentais à pesquisa e desenvolvimento setorial;
- alteração da lei comercial;
- entrada em vigor de marcos regulatórios;
- fiscalização dos órgãos de arrecadação tributária;
- ações dos órgãos de defesa do consumidor (Procon);
- intervenções do Ministério Público e da Polícia Federal;
- atuação do Conselho Administrativo de Defesa Econômica (CADE);
- atuação das agências reguladoras das atividades de interesse público em geral;
- intervenções das agências de controle fitossanitário e de qualidade dos produtos;
- proteção oficial de marcas e patentes;
- paralizações coletivas de natureza reivindicatória; e
- movimentos civis em geral, especialmente em prol do meio ambiente, dos direitos humanos, da conduta ética e em defesa das minorias.

A ação do Ministério Público e da Polícia Federal na denominada "Operação Carne Fraca",[35] que em 2017 atingiu vários frigoríficos brasileiros com severas repercussões nos mercados interno e externo; a greve dos caminhoneiros de 2018,[36] que

---

[35] SALOMÃO (2018).

[36] GUEDES (2018).

provocou o desabastecimento generalizado; e os protestos verificados nos Estados Unidos e ao redor do mundo decorrentes do episódio da morte do cidadão George Floyd em uma ação da polícia de Minneapolis em 2020[37] são marcantes exemplos de movimentos a serem monitorados, administrados e, tanto quanto possível, prevenidos.

3.2.4 O VETOR "PERCEPÇÃO DE VALOR"

O quarto e não menos importante vetor do preço é o que se convencionou denominar percepção de valor pelo comprador.

Segundo Nagle, Hogan e Zale, em sua acepção mais comum, o termo "valor de um bem" refere-se à "satisfação geral que o cliente obtém do produto ou serviço ofertado".[38] Já para Porter, valor "é o montante que os compradores estão dispostos a pagar por aquilo que uma empresa lhes oferece".[39]

Ferrell e Hartline , por sua vez, o definem como a avaliação subjetiva feita por um cliente dos benefícios e dos custos proporcionados por um produto em relação a outras ofertas.[40]

Para o *pricing*, sem embargo, cabe melhor a definição de que valor de um bem ou serviço, percepção de valor da oferta ou valor percebido pelo comprador é a expressão monetária da utilidade relativa de algo para quem o adquire ou pretende adquirir.

Dito de outra forma, trata-se do valor relativo arbitrado pelo comprador a um bem ou serviço, valor este descolado do custo e do preço da oferta e que, segundo Bennett e Kassarjian, decorre da crescente afluência social que terminou por ampliar a liberdade de escolha e reduzir a relevância do preço na decisão de compra.[41]

Donde se conclui que a direção que o vetor "percepção de valor" imprime ao preço da oferta está na razão direta do valor percebido e aquiescido por seu comprador.[42]

3.2.4.1 Valor proposto, valor percebido e valor aprovado

De fato, no que se refere a preços, o que se observa é que pouco importa a extensa lista de atributos que o produto ou o serviço tem a oferecer. O que realmente faz diferença são as características percebidas e valorizadas pelo comprador.

---

37 CUDDY (2020).

38 NAGLE; HOGAN; ZALE (2010, p. 18).

39 PORTER (1990, p. 34).

40 FERRELL; HARTLINE (2011, p. 409).

41 BENNETT; KASSARJIAN (1975, p. 139).

42 KOTLER; KELLER (2018, p. 510).

Ao tratar desse tema, Porter chama a atenção para a concorrência de três espécies de valor: o valor real da oferta, normalmente pouco conhecido pelo comprador; o valor percebido por ele; e o valor de diferenciação, que é o valor atribuído às diferenças existentes entre as ofertas consideradas.[43]

Nagle, Hogan e Zale, por sua vez, mencionam somente o valor de referência, que é o valor da oferta mais conhecida ou adotada e que serve de comparação para o comprador, e o valor de diferenciação, que é o valor maior ou menor atribuído às características que distinguem o produto ou serviço avaliado da alternativa que lhe serve de comparação.[44]

Já Lovelock, Wirtz e Hemzo referem-se ao valor bruto, que é a soma de todos os valores percebidos, e o valor líquido, que representa o valor bruto menos a soma de todos os custos percebidos pelo comprador.[45]

Em nossa abordagem, todavia, preferimos desdobrar o conceito de valor em função de sua dinâmica de negociação. Esse enfoque resultou nos conceitos de "valor proposto pelo ofertante", "valor percebido pelo comprador" e "valor aprovado por ambos".

Para melhor compreensão desses conceitos, imaginemos uma consumidora que tenha decidido adquirir uma bolsa feminina de couro de boa qualidade e com design apurado, idêntica à de uma amiga sua, e que pode ser adquirida na loja de uma fábrica localizada em um bairro de sua cidade pelo preço à vista de R$ 890,00, valor este que ela considera justo.

Ocorre, então, que antes de comprá-la a mesma consumidora é surpreendida por uma oferta, feita por uma loja do shopping center próximo, de uma bolsa com as mesmas características, porém de uma marca superior (grife), ao preço de R$ 1.280,00 e com possibilidade de pagamento em dez parcelas mensais.

Tendo comparado as duas ofertas, a consumidora acaba decidindo pela bolsa de grife. No cálculo feito, ela considerou o valor R$ 890,00 da bolsa de fábrica (valor de referência), o custo do deslocamento até a loja da fábrica (estimado por ela em R$ 100,00), a oportunidade de financiamento em 10 parcelas mensais (valorizada por ela também em R$ 100,00) e o valor que a marca de prestígio agrega ao produto (para ela, aproximadamente R$ 400,00).

Com isso, a bolsa de grife que estava sendo ofertada por R$ 1.280,00 alcançou o valor percebido pela compradora de R$ 1.490,00, o que definiu sua escolha, conforme ilustra a Figura 3.11.

---

[43] PORTER (1990, p. 128-130).

[44] NAGLE; HOGAN; ZALE (2010, p. 19).

[45] LOVELOCK; WIRTZ; HEMZO (2011, p. 174).

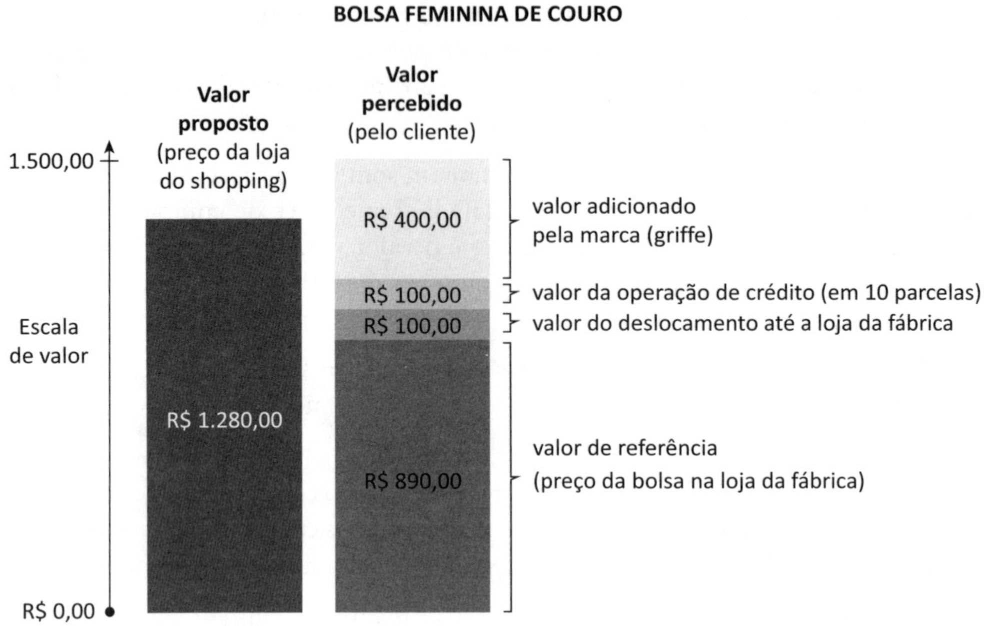

Figura 3.11 – Valor proposto e valor percebido.

Fonte: adaptada de Nagle e Holden (2003, p. 75).

Caso, no entanto, o valor adicionado pelo prestígio da marca fosse menor, (digamos, R$ 100,00), mesmo com o parcelamento do pagamento e a dispensa de deslocamento até a fábrica – atributos da oferta da loja do shopping –, sua decisão seria em favor da bolsa da loja da fábrica. Da mesma maneira, em outras circunstâncias o crédito facilitado poderia adquirir um valor superior e acabar decidindo a compra. E assim por diante.

Nas relações comerciais corriqueiras, entretanto, a percepção do valor de um bem ou serviço não se apresenta de forma tão pormenorizada e transparente. O mais comum é que ela se manifeste na forma de um valor-limite, isto é, um preço acima do qual o comprador desiste da compra ou troca de oferta.[46]

Pois bem, nessa transação o preço proposto pela loja do shopping foi aceito pela compradora, o que nem sempre acontece, pois a compradora poderia, por exemplo, não querer comprometer, naquele momento, mais do que R$ 1.100,00 (valor-limite) da sua renda.

Na hipótese de, após consulta ao gerente da loja (gestor de *pricing*), este seu valor-limite de R$ 1.100,00, uma vez manifesto, ser aceito, estariam caracterizadas as três versões de valor da oferta antes mencionadas: o valor proposto (preço inicial), o valor

46 CRAWFORD (1997).

percebido (valor da oferta tal qual percebido pela compradora) e o valor aprovado (valor finalmente negociado), como demonstra a Figura 3.12.

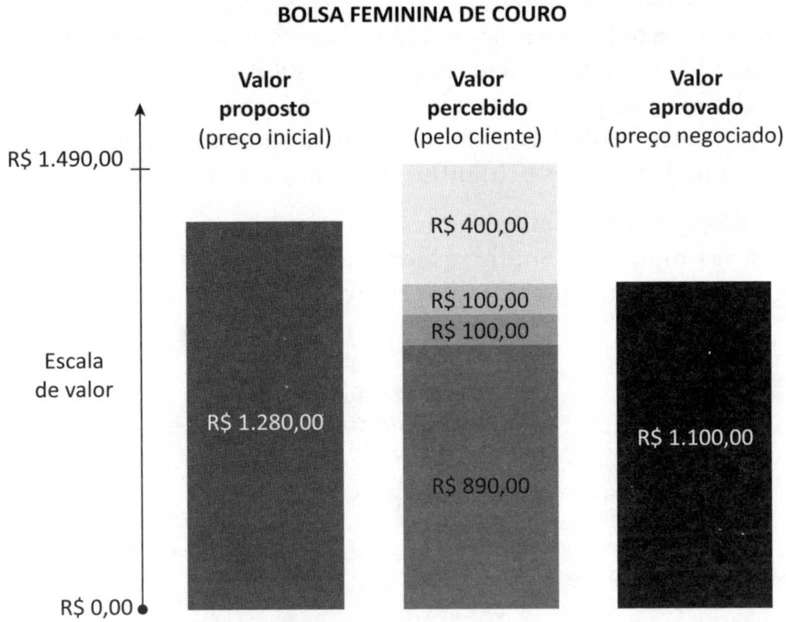

Figura 3.12 – Valor proposto, valor percebido e valor aprovado.

Sendo que a principal diferença entre esses três valores é o fato de o valor proposto ser de competência do ofertante, o valor percebido prerrogativa do comprador e o valor aprovado exigir a concordância de ambos.

3.2.4.2 Determinantes do valor aprovado

A análise da diferença entre valor proposto, valor percebido e valor aprovado deixa claro que nem todo valor proposto ou mesmo percebido conduz à sua aprovação. E os motivos que levam o comprador a agir dessa forma são muitos.

Para Diamantopoulos, o valor aprovado por um comprador é determinado por (a) custo na aquisição, pré e pós-compra, ou seja, o "sacrifício" que a compra impõe; (b) capacidade de pagamento do comprador; (c) referências de valor que o comprador possui; (d) valor que o comprador atribui à oferta; (e) necessidades e desejos do comprador; (d) vantagem a ser obtida pelo comprador; e (e) limites de preço aceitos pelo comprador.[47]

---

[47] BAKER (2005, p. 248-249).

Nagle, Holden e Zale,[48] por seu turno, atribuem a percepção do preço proposto a: (a) preço de referência; (b) dificuldade de comparação; (c) custo da mudança; (d) relação preço-qualidade; (e) capacidade de compra; (f) benefício final; (g) custo compartilhado; (h) efeito justiça; e (i) efeito moldura.

Similarmente, Ferrell e Hartline creditam a sensibilidade ao valor proposto de um objeto de venda a: (a) disponibilidade de produtos substitutos, (b) valor total do gasto, (c) necessidades reais ou percebidas, (d) benefícios do produto percebidos (e) diferenças perceptíveis entre as ofertas, (f) facilidade para comparação dos preços, (g) preço dos produtos complementares e (h) influências circunstanciais.[49]

Partindo da proposição desses autores, mas também considerando a de outros a tratarem desse assunto como Smith[50] e Morris e Morris,[51] é possível deduzir a existência dos seguintes determinantes do valor aprovado (Figura 3.13):

Figura 3.13 – Determinantes do valor aprovado.

a. As necessidades do comprador

O primeiro e mais importante fator determinante do valor aprovado são as necessidades e desejos do comprador. Ou seja, em se tratando de um consumidor final, são

---

48 NAGLE; HOLDEN; ZALE (2010, p. 132-133).

49 FERRELL; HARTLINE (2011, p. 244-245).

50 SMITH (2012, p. 79-95).

51 MORRIS; MORRIS (1992, p. 34-36).

suas necessidades materiais e psicossociais; em se tratando de um produtor rural, indústria de transformação ou intermediários qualquer, são suas necessidades de bens e serviços para exercício de sua atividade.

b. Os atributos da oferta

O segundo fator a determinar o valor aprovado são os atributos do bem ou serviço objeto da decisão de compra. É a partir desses atributos que o comprador reconhece qual oferta vai, supostamente, atender suas necessidades e desejos.

Em outras palavras, se um comprador acredita que os ovos vermelhos são mais nutritivos que os brancos e isso é importante para a saúde de sua família, ele tenderá a aceitar um sobrepreço por conta desse atributo.

c. Os atributos da oferta alternativa

Os atributos do bem ou serviço alternativo, ou que serve de referência para o comprador, é outro fator a intervir no valor aprovado.

A oferta de um fiambre fatiado e em diferentes quantidades, em contraposição a outro vendido somente em blocos e em porções maiores, pode ser um atributo decisivo na hora da compra.

d. A associação preço-qualidade

A percepção de uma relação entre o preço e a qualidade do bem ou serviço ofertado também pode definir sua escolha – isto é, o comprador partir do pressuposto de que quanto maior o preço, maior a qualidade, e vice-versa.

Esse é o caso do licor que, por ser mais caro, é o preferido por quem o adquire.

e. A capacidade financeira do comprador

A capacidade financeira de um comprador, expressa por sua disponibilidade monetária ou capacidade de endividamento, também é um elemento determinante do valor aprovado.

Por exemplo, para muitos produtores rurais, adquirir um trator, mesmo que de pequeno porte, só é possível mediante um financiamento de quem o vende, de sua cooperativa ou de uma instituição financeira.

f. A partilha do custo

O compartilhamento com terceiros do custo de uma aquisição também altera a sensibilidade do comprador ao preço ofertado.

Esse é o caso de um implemento agrícola cujo custo de aquisição e manutenção é compartilhado entre dois produtores rurais.

g. As condições de proveito da oferta

As condições de acesso, uso, conservação, manutenção e descarte do bem ou serviço ofertado também integram o conjunto de avaliações que são feitas pelo comprador para valorizar a oferta em questão.

Por exemplo, trabalhar com produtos perecíveis pode exigir seu armazenamento em câmaras frias, as quais, por sua vez, possuem limitações de temperatura e espaço.

Outras vezes é o custo de uso, manutenção ou descarte, que alguns autores denominam risco ou custo implícito no ciclo de vida da oferta (*offer life-cycle costs*),[52] que faz a diferença, como pode ser o caso do custo de descarte da embalagem de um defensivo altamente tóxico.

h. Os hábitos de consumo

Hábitos de consumo arraigados ou inexistentes[53] podem impedir o comprador de migrar para bens substitutos. Outras vezes essa migração vai depender somente da diferença de preço a favor ou contra a alternativa existente.

Explicitando, nem todos os consumidores do arroz preto estão dispostos a trocá-lo pelo de outra variedade, mesmo diante de grandes diferenças de preço.

i. A ocasião da compra

A percepção do valor da oferta também é afetada pelo momento em que a compra acontece.

O fato de uma aquisição ocorrer em data comemorativa, em ocasião especial ou com sentido de urgência normalmente influencia o valor aceito pelo comprador.

Da mesma maneira, algumas expectativas socioeconômicas do comprador – do tipo inflação, taxa de câmbio, liberação de importação, paralisações, boicotes etc. – podem levá-lo, com o intuito de se proteger ou se beneficiar de sua ocorrência, a aceitar ou rejeitar determinado preço.

j. A dificuldade de comparação

Quanto maior a dificuldade de comparação de uma oferta com sua alternativa, menor a relevância do preço e maior o peso da reputação do produto, de sua marca e de seu ofertante.

Esse fator é especialmente válido no caso de produtos e serviços de alta tecnologia e inovações disruptivas, a exemplo de uma nova variedade de cultivar.

---

52 BENNETT; KASSARJIAN (1975, p. 74-77), MORRIS; MORRIS (1992, p. 8).

53 Kotler (1998, p. 178) se refere a "comportamento de compra habitual".

k. A aceitação por outros

As preferências de pessoas ou organizações que servem de referência ao comprador, assim como os modismos de uso e consumo, também contribuem para intervir no preço aprovado.

De acordo com Dorfman, "o bom êxito das vendas é auto-reforçante. Quando os compradores em potencial veem as pessoas que lhe são conhecidas usando uma marca particular presumem que ela lhes dá um serviço satisfatório, e talvez mesmo superior".[54]

Esta forma de mimetismo, também chamada "efeito demonstração", provê, com frequência, a segurança psicológica de que o comprador necessita para aceitar o preço proposto.

l. O envolvimento emocional do comprador

Alguns vendedores, marcas ou mesmo produtos criam um vínculo emocional com o comprador. Tal vínculo pode fazer com que o comprador relegue o preço da oferta a um segundo plano se comparado à recompensa emocional que a aquisição lhe proporciona.

Isso porque, conforme Bennett e Kassarjian, as atitudes de compra também são determinadas pelos sentimentos do comprador em relação a pessoas, grupos sociais, produtos, marcas ou empresas.[55]

Dito de outra forma, para muitas pessoas, experenciar uma refeição em um restaurante de propriedade de uma celebridade é muito mais do que simplesmente fazer uma boa refeição, percepção esta que se reflete diretamente no preço que esses clientes estão dispostos a pagar.

m. A forma de comunicar a oferta

A forma de promover os benefícios e o status do bem ou serviço ofertado também tem o poder de alterar a disposição do comprador em aceitar determinado valor de oferta.

Por exemplo, diante de públicos exigentes, comunicar que o grão do café vem do Brasil ou da Colômbia pode tanto estimular sua venda como possibilitar a cobrança de um preço *premium* pelo produto ofertado.

3.2.4.3 Avaliação custo-benefício da oferta

Outro aspecto relevante da decisão de compra é a dificuldade do comprador em avaliar a oferta que lhe é feita.

---

54 DORFMAN (1969, p. 148-149).

55 BENNETT; KASSARJIAN (1975, p. 76-83).

Segundo Porter, "qualquer que seja o valor oferecido por uma empresa a seus compradores, estes em geral encontram dificuldade para avaliá-lo com antecipação".[56]

Esta dificuldade de avaliação decorre tanto da carência de informações sobre a oferta e informações conflitantes emitidas por diferentes fontes, como da incapacidade do comprador de julgar convenientemente as informações a que tem acesso. Para Morris e Morris "mesmo quando tais informações se encontram disponíveis, as pessoas não as processam corretamente. Na realidade simplesmente ignoram muitas das mensagens transmitidas, distorcem as informações recebidas e decidem seletivamente quais fatos assimilar".[57]

Na tentativa de superar tal obstáculo, cada ofertante opta por um tipo de abordagem. Uns incluem informações na embalagem, em manuais ou em folhetos explicativos, outros preparam seus negociadores com informações e argumentos que sirvam para destacar as vantagens de sua oferta e rebater as objeções do comprador, e ainda outros recorrem à figura do especialista ou de uma celebridade que sirva de referência para o comprador. E assim por diante.

Outra maneira de promover o preço proposto é disponibilizar um roteiro de avaliação da oferta no formato de uma lista de verificação (*checklist*).

Desse *checklist*, quer seja comparativo ou não comparativo, constam os custos e benefícios gerados durante o ciclo de vida do produto ou serviço ofertado. Até mesmo benefícios intangíveis, como o sentimento de segurança por estar adquirindo algo aprovado por outros clientes, a tradição de bons serviços do ofertante e o status proporcionado pela marca da oferta são nele incluídos.

O Quadro 3.2 apresenta dois *ckecklists* não comparativos contendo os itens a serem considerados na avaliação da oferta de um macacão para lavoura e de um drone quadricóptero para pulverização.

Nas listas de verificação não comparativa, a exemplo das contidas no Quadro 3.2, o ofertante sugere os aspectos da oferta que devem ser considerados pelo comprador. Já nos *checklists* comparativos, o ofertante chama a atenção para as diferenças existentes entre duas ou mais ofertas, qualificando-as, dimensionando-as ou simplesmente mencionando os atributos existentes ou não em cada uma delas.

56 PORTER (1990, p. 128).

57 MORRIS; MORRIS (1992, p. 60).

Quadro 3.2 – Modelos de lista de verificação não comparativa

***Checklist*: macacão para a lavoura**		***Checklist*: drone para pulverização**	
Aspectos a considerar:		**Aspectos a considerar:**	
• preço a pagar pelo produto	✓	• preço a pagar pelo produto	✓
• despesa para adquirir o produto	✓	• valor residual na revenda do produto	✓
• prazo para entrega do produto	✓	• despesa para adquirir o produto	✓
• custo de entrega do produto	✓	• prazo para entrega do produto	✓
• vida útil do produto	✓	• custo de entrega do produto	✓
• custo de descarte do produto	✓	• treinamento para uso do produto	✓
• condições de pagamento	✓	• depreciação/obsolescência do produto	✓
• serviços do fornecedor ao cliente	✓	• custo dos insumos para uso do produto	✓
• satisfação em usufruir o produto	✓	• tempo gasto para uso do produto	✓
• aprovação de outros clientes	✓	• energia gasta para uso do produto	✓
• outros aspectos (..........................)	✓	• custo de manutenção do produto	✓
		• disponibilidade de peças de reposição	✓
		• disponibilidade de mão de obra	✓
		• vida útil do produto	✓
		• custo do descarte dos insumos/produto	✓
		• serviços agregados pelo fornecedor	✓
		• condições de pagamento	✓
		• serviços de atendimento ao cliente	✓
		• satisfação em usufruir do produto	✓
		• aprovação de outros usuários	✓
		• status proporcionado pela marca	✓
		• outros aspectos (.................................)	✓

Fonte: adaptado de Kotler (1998, p. 52).

CAPÍTULO 4
Elementos adicionais da precificação

A maneira mais rápida e eficaz de uma empresa atingir seu lucro máximo é definindo corretamente seus preços.

Michael V. Marn e Robert L. Rosiello

4.1 O CONCEITO DE PREÇO

Preço é o valor monetário com que algo é oferecido ou negociado.[1]

4.2 OS PROPÓSITOS DO PREÇO

O propósito do preço depende da parte envolvida na negociação. Para o ofertante é obter o maior valor possível por sua capacidade de atender uma ou mais necessidades ou desejos do comprador. Já para o comprador é satisfazer com o menor custo possível, para ele próprio ou para quem ele representa, uma ou mais de suas necessidades ou desejos.

[1] O *Novíssimo dicionário de economia* (SANDRONI, 2001) define preço como "a expressão monetária do valor de um bem ou serviço".

Além desse propósito principal o ofertante costuma ter outros, complementares e bastante específicos,[2] que, em conjunto, compõem o quadro dos principais propósitos internos (endógenos) e externos (exógenos) da precificação.

4.2.1 PROPÓSITOS ENDÓGENOS DO PREÇO

Os propósitos endógenos da precificação são aqueles de origem predominantemente internas ao ofertante, a exemplo dos que seguem:

a) Quanto à rentabilidade:
  - maximizar a rentabilidade do ofertante e de cada oferta em particular.

b) Quanto à receita e fluxo de caixa:
  - gerar um fluxo contínuo de recursos financeiros que possibilite, além de remunerar os investidores do empreendimento, atender os compromissos operacionais e as necessidades de investimento do ofertante.

c) Quanto à produtividade:
  - melhorar o nível de atividade e, com isso, a ocupação das instalações, o aproveitamento dos materiais e a eficiência da mão de obra.

d) Quanto a novos produto:
  - tornar viável o preço de lançamento de novos produtos e serviços levando em conta tanto o seu valor para os compradores como a reação de seus concorrentes.

e) Quanto ao potencial da linha de produtos:
  - explorar ao máximo o potencial de geração de lucro de cada produto ou serviço, de cada cliente e de cada segmento de mercado por meio da prática de preços mínimos, preços diferenciados e sobrepreços.

f) Quanto ao composto de oferta:
  - propiciar a venda do conjunto de produtos e serviços do ofertante via pacotes de oferta, ofertas complementares, benefícios cruzados ou, simplesmente, pela comparação da relação preço-benefício entre as diversas ofertas.

g) Quanto aos estoques indesejáveis:
  - diminuir ao máximo os estoques de produtos obsoletos, fora de linha, fora de moda, de curta validade ou altamente perecíveis.

---

[2] Ferrell e Hartline (2011, p. 236), sem fazer distinção quanto à sua origem, enumeram como objetivos de precificação: lucro, volume de vendas, necessidades do mercado, participação de mercado, fluxo de caixa, alinhamento competitivo, prestígio e *status quo*. Morris e Morris (1992, p. 21), por sua vez, listam, além de cinco destes objetivos, mais dezesseis outros estreitamente relacionados aos que estamos mencionando.

h) Quanto ao nível de estoque:

- ▹ reduzir volume de estoques ou liberar espaço de armazenagem e, com isso, reduzir os custos e limitações que eles causam.

i) Quanto às transferências entre partes relacionadas:

- ▹ transferir estoques, custos, receita ou lucro de/para outra unidade da mesma empresa ou de/para outra empresa do mesmo grupo econômico usando preços que atendam aos interesses das partes envolvidas.

j) Quanto a operações comerciais relevantes:

- ▹ viabilizar contratos de exportação, propostas de licitações, encomendas de grandes volumes, fornecimentos por longo prazo, vendas a clientes âncora e negociações que confiram especial prestígio ao ofertante.

4.2.2 PROPÓSITOS EXÓGENOS DO PREÇO

Propósitos exógenos do preço são aqueles de origem predominantemente externa ao ofertante, dentre os quais vale mencionar:

a) Quanto ao volume negociado:

- ▹ expandir o volume negociado pelo ofertante de forma a aumentar seu poder de barganha junto a clientes, fornecedores e parceiros comerciais.

b) Quanto à participação de mercado:

- ▹ propiciar que o ofertante aumente sua participação em mercados já atendidos, penetre em novos mercados, conquiste novos clientes, desaloje concorrentes e aumente de maneira geral a presença e visibilidade de seus produtos.

c) Quanto às iniciativas promocionais:

- ▹ viabilizar iniciativas promocionais visando atender preferências dos clientes ou enfrentar ações da concorrência.

d) Quanto à entrada de novos concorrentes:

- ▹ desencorajar o surgimento de novos competidores mediante a utilização de preços e condições pouco atraentes para os possíveis entrantes.

e) Quanto às autoridades constituídas:

- ▹ atender às exigências do poder público no que se refere a tabelamentos de preços e demais regras de precificação tanto para o mercado interno como externo.

f) Quanto aos parceiros comerciais:

- ▹ viabilizar negociações que supram necessidade de abastecimento e renda de parceiros comerciais, especialmente das equipes de venda, operadores de logística e distribuidores.

Além disso, há que se considerar que esses propósitos raramente ocorrem de forma isolada. O mais comum é uma mesma negociação ter vários deles, por exemplo, conquistar um cliente, penetrar em um determinado mercado, aumentar o volume de faturamento e garantir um lucro mínimo.

4.3 A ORIENTAÇÃO BÁSICA DOS PREÇOS

Os preços de venda são determinados seguindo algum tipo de orientação.

De acordo com a literatura existente, as orientações básicas predominantes na definição dos preços são: (a) custo, (b) demanda, (c) concorrência e (d) valor para o comprador. Todavia, nem mesmo autores renomados concordam a esse respeito.

Kotler e Keller fazem menção a quatro orientações: a empresa, os clientes, os concorrentes e o ambiente de marketing. Sartori e Bernardi citam três delas: custos, demanda e concorrência. Horngren, Datar e Rajan se referem a clientes, concorrentes e custos. Lovelock, Wirtz e Hemzo aludem a custo, concorrência e valor para o cliente. Hinterhuber enumera custo, competição, valor para o cliente e outras. Avlonitis e Indounas, e também Hanna e Dodge , mencionam custos, demanda e competição. Morris e Morris apontam para custo e mercado. Churchill e Peter indicam custo, concorrência e valor para o cliente. Oxenfeldt , por sua vez, relacionou valor da oferta para o cliente, reação do consumidor à mudança do preço, reação dos competidores e sensibilidade dos revendedores ao preço.[3]

Essa falta de unanimidade também está presente na prática empresarial. Ao menos foi o que revelaram os dados levantados por Hinterhuber em cerca de duas dezenas de estudos empíricos feitos junto a gestores de empresas dos Estados Unidos, Europa e Ásia entre 1983 e 2006. Destes, 44% orientavam seus preços pela concorrência, 37% pelo custo, 17% pelo valor para o cliente e 3% seguindo outras orientações,[4] como ilustra a Figura 4.1.

Já Horngren, Foster e Datar, baseados em outra pesquisa, esta feita entre as maiores companhias industriais de diversos países, citam a preferência de norte-americanos pela orientação para o custo e de japoneses, britânicos e irlandeses pela orientação para o mercado.[5]

---

[3] KOTLER e KELLER (2018, p. 505), SARTORI (2004, pp. 68-81), BERNARDI (2017, p. 51), HORNGREN, DATAR e RAJAN (2012, p. 434), LOVELOCK, WIRTZ e HEMZO (2011, p. 170); HINTERHUBER (2008), AVLONITIS e INDOUNAS (2005), HANNA e DODGE (1997, pp. 51-77), MORRIS e MORRIS (1992, p. 22), CHURCHILL e PETER (2010, pp. 321-328) e OXENFELDT (1973).

[4] Observe que os percentuais indicados pela pesquisa não somam 100%, provavelmente em razão de arredondamentos feitos nos resultados obtidos.

[5] HORNGREN; FOSTER; DATAR (2000, p. 313).

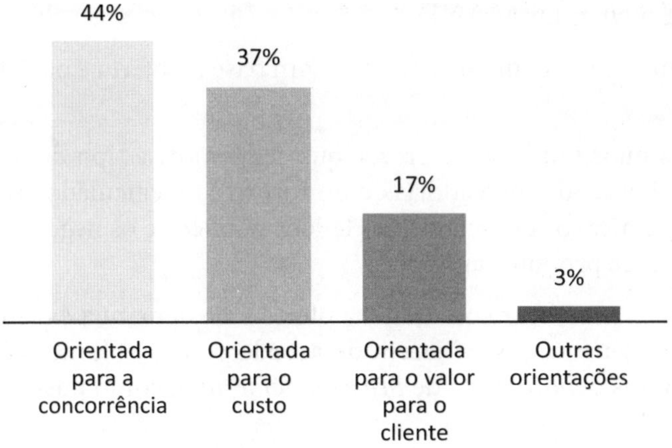

Figura 4.1 – Orientação da prática de preços.

Fonte: Hinterhuber (2008).

Em que pese a maioria da literatura especializada limitar-se às quatro orientações do preço mencionadas, não podemos deixar de incluir uma quinta, citada diretamente por Westlake e Crawford[6] e indiretamente por Haron e também Morris e Morris,[7] que denominaremos "autoridades constituídas".

Com isso, as orientações de preço possíveis e que serão comentadas em sequência passam a ser: (a) custo e margem, (b) oferta e procura, (c) concorrentes, (d) valor percebido pelo comprador e (e) autoridades constituídas.

4.3.1 CUSTO E MARGEM

A definição de preços com base no custo do produto ou do serviço mais a margem de lucro pretendida (*cost-plus based price method*) é justificada pela lógica de retorno do capital investido, como será visto no tópico do Capítulo 6 que trata desse mesmo assunto.

Por não estar vinculada a nenhum método específico de custeio e precificação, essa orientação pode se valer de qualquer uma das variantes de cálculo do custo ou de apuração da margem abordados nos Capítulos 5 e 6.

A despeito de largamente utilizada,[8] a desvantagem dessa orientação é facilmente perceptível: nem sempre os compradores hão de concordar com o preço assim determinado, enquanto outras vezes eles poderão estar dispostos a pagar até mais.

---

6 CRAWFORD (1997).

7 Haron (2016) faz referência à regulamentação governamental (*government regulation*), enquanto Morris e Morris (1992, p. 34-35) aludem a restrições legais (*legal constraints*).

8 NOBLE; GRUCA (1999).

4.3.2 OFERTA E DEMANDA

Os preços também podem ser definidos com base na oferta e na demanda do objeto de venda.

Os exemplos mais notórios de preços que seguem esse tipo de orientação são os negociados nas bolsas de mercadorias e de futuros, os calculados por softwares de precificação dinâmica, os praticados nos leilões públicos e os negociados nas centrais de abastecimento de produtos agrícolas.

Outro modo de precificar com base na oferta e na demanda é o adotado por ofertantes que fazem seus preços variarem de acordo com o volume diário/semanal de vendas – por alguns denominado de *price on demand* –, como ilustra a Figura 4.2.

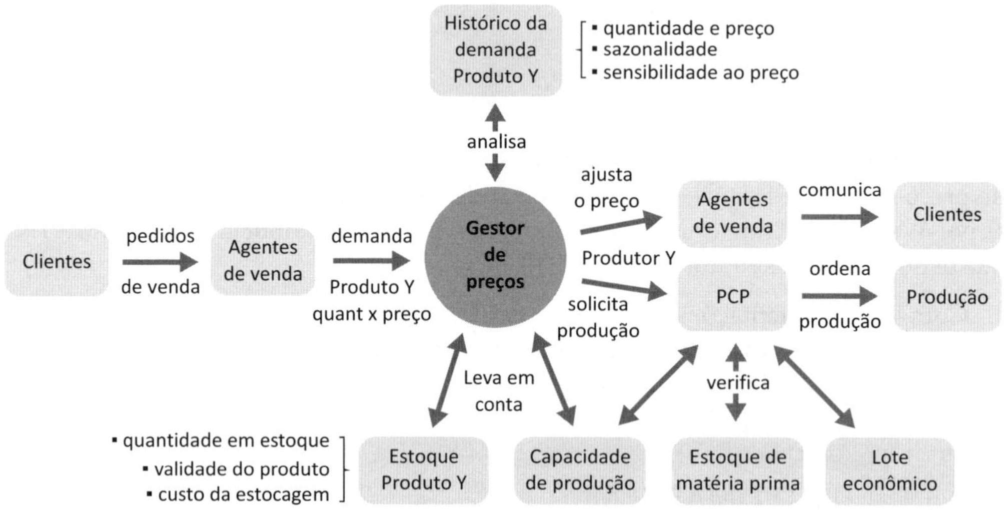

Figura 4.2 – Precificação sob demanda.

Nesta opção de orientação, à medida que as vendas diárias/semanais crescem, o ofertante promove aumentos de preços que guardam proporção com o acréscimo ocorrido, e vice-versa.

Essa prática de precificação também é um meio de prevenir que as vendas superem a capacidade de fornecimento do ofertante, a oscilação exagerada de seus estoques e o vencimento da validade dos produtos em oferta.

4.3.3 CONCORRENTES

Como vimos no tópico que trata das estratégias de marketing de ampla envergadura, é bastante comum um ofertante definir seus preços a partir dos preços praticados por seus concorrentes. Ries e Trout, em seu clássico *Marketing de guerra*, chegam a afirmar que "para ter sucesso hoje em dia, uma empresa precisa ser orientada para o concorrente".[9]

A forma de orientar-se pelos concorrentes, contudo, depende do posicionamento do ofertante em relação a esses competidores.

Existem cinco posicionamentos possíveis de um ofertante em relação a seus concorrentes: o de líder, o de desafiante, o de seguidor, o de ocupante de nicho[10] e o de *outsider*.

A Figura 4.3 ilustra as participações de mercado – apenas hipotéticas, visto que elas variam muito em função dos mercados e dos produtos tomados como referência – para cada um desses posicionamentos.

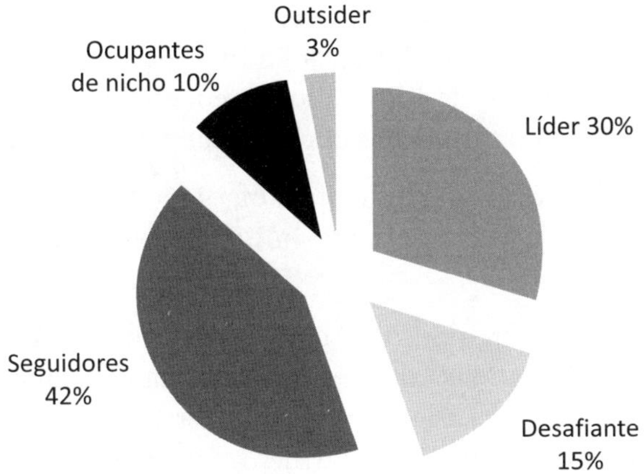

Figura 4.3 – Participação de mercado por posicionamento do ofertante.

Fonte: adaptada de Kotler e Keller (2018, p. 367).

Dos posicionamentos possíveis, o de líder não é só o do ofertante que detém a maior participação de mercado e que dita os preços que servem de referência aos demais. Ele é o posicionamento do principal modelo de atuação, permanentemente imitado e assediado por seus competidores.

Para manter sua posição, o líder precisa, além de um amplo e intenso esforço de vendas, tomar a frente das constantes mudanças em curso – não só na inovação da linha de produtos e serviços, mas também nas formas de distribuição, comercialização, precificação, financiamento, comunicação e promoção de suas ofertas.

O desafiante, em seu lugar, é o competidor que, com uma base operacional relevante, busca arrebatar porções significativas do mercado do líder ou até mesmo

9 RIES; TROUT (2006, p. 4).

10 Os quatro primeiros posicionamentos – líder, desafiante, seguidor e ocupante de nicho – são descritos por Kotler e Keller (2018, p. 366-380).

desbancá-lo da liderança. Para isso ele também precisa investir no desenvolvimento contínuo de vantagens competitivas que atraiam e assegurem a preferência dos compradores para suas ofertas.

Já o seguidor é o competidor que, não sendo líder nem desafiante, se contenta em imitar os *players* mais bem-sucedidos em seu mercado. Sua vantagem é a de poder usar seus concorrentes como *benchmarking*, sem a necessidade de assumir o ônus do investimento em tecnologias pioneiras em um *modus operandi* inédito ou os custos de exploração de um mercado ainda incipiente.[11]

Por sua vez, o ocupante de nicho de mercado é o competidor que se especializou no atendimento de algum tipo de necessidade específica mal atendida, ou mesmo desatendida pelos demais. Por esse motivo, ele não compete diretamente com o líder, com o desafiante e com os seguidores. Por exemplo: o fornecedor de orquídeas atende a um grupo de clientes bem particular (orquidófilos, decoradores de interior e paisagistas) cujo potencial de demanda é limitado, porém compensado pela fidelidade dos compradores e pelos preços avantajados que o *nicher* consegue praticar.

Por último, o *outsider* é o competidor cuja oferta pode ou não diferir da estabelecida pelo líder, questionada pelo desafiante, imitada pelos seguidores ou adotada pelo ocupante de nicho.

Esse competidor, que "corre por fora", pode ser um privilegiado, um corruptor ou simplesmente um excêntrico. Mas também um inovador que, em vez de imitar ou desenvolver aperfeiçoamentos que sustentem o padrão estabelecido, investe em tecnologias disruptivas, métodos de trabalho originais e mercados latentes. E que, se bem-sucedido, acaba estabelecendo um novo padrão de oferta e criando um mercado novo.

Sobre este último posicionamento, Clayton M. Christensen, em seu livro *The innovator's dilemma*, discorre sobre as dificuldades e o sucesso de *outsiders* nas áreas de armazenagem de dados (discos rígidos e memória *flash*), máquinas escavadeiras e miniusinas de aço no mercado norte-americano.[12]

No que diz respeito à política de preços desses ofertantes, o líder costuma praticar preços superiores aos de seus competidores. A Coca-Cola é um bom exemplo disso. Não é assim necessariamente, pois alguns líderes de mercado, em função de sua liderança em custos, praticam preços menores que de seus concorrentes. A rede Wal-Mart não só é líder de vendas como também, com muita frequência, detém os melhores preços da praça.[13]

---

11 Kotler e Keller (2018, p. 376-377) chamam a atenção para o fato de que nenhuma das estratégias de produto possíveis do seguidor – clonagem, imitação e adaptação – corresponde à falsificação, esta última ilegal.

12 CHRISTENSEN (2011).

13 Ver, a esse respeito, o sugestivo artigo "Wal-Mart world", na revista *Newsweek* (ERNSBERGER JR., 2002).

O desafiante, por sua vez, pode praticar preços idênticos ou menores que o líder. Quando pratica preços idênticos, aposta em outras vantagens competitivas que possui; quando pratica preços menores, tenta persuadir os compradores a optar pelo mesmo benefício, porém com um menor custo.

Já o seguidor por ser considerado de "segunda linha", precisa praticar preços menores que o líder, os desafiantes ou o competidor que lhe serve de referência. Esses preços variam conforme o peso do concorrente-alvo e do posicionamento de seu produto e de sua marca na mente do consumidor. Mesmo assim, em condições normais de mercado, uma redução de 5% no preço de venda pode ser suficiente para atrair um número significativo de compradores para sua oferta.

O ocupante de nicho, em função de sua especialização, possui bastante liberdade de preços. Pode fixar preços que lhe deem uma margem de rentabilidade confortável sem se preocupar, no curto prazo, com a ameaça de competidores. No longo prazo, entretanto, se os preços forem bastante elevados a ameaça é real, pois onde existem ganhos substanciais sempre aparecem competidores dispostos a abocanhá-los.

O *outsider*, por sua vez, pode escolher praticar preços maiores, menores ou iguais aos de seus competidores. Sua decisão vai depender dos privilégios que detém, das vantagens competitivas de sua oferta, de sua capacidade de persuasão e das circunstâncias de mercado.

No caso de soluções disruptivas, dependendo das vantagens oferecidas pelo *outsider*, mesmo um preço superior da ordem de 20% pode atrair compradores para uma nova experiência de uso que, se favorável, irá gerar uma repetição da encomenda. Assim como existem casos em que somente um preço de venda substancialmente menor fará o comprador apostar na opção de compra divergente do padrão estabelecido.

4.3.4 VALOR PERCEBIDO PELO COMPRADOR

Outra forma de estabelecer os preços a serem praticados é orientando-os pelo valor percebido pelo comprador. Ou, nas palavras de Oxenfeldt, pelo "valor que determinados segmentos de clientes atribuem à oferta da empresa.[14]

Valor percebido ou valor da oferta para o comprador, com base na definição do Capítulo 3, é aqui entendido como a expressão monetária do conjunto de vantagens e desvantagens diretas e indiretas e tangíveis e intangíveis a ocorrer durante todo o ciclo de vida do objeto da venda e percebidas pelo comprador.

A orientação do preço para o valor percebido pelo comprador possui duas substanciais vantagens. Por um lado, impede que o ofertante precifique com um valor superior àquele que o comprador está disposto a pagar e, com isso, deixe de vender. Por outro, estimula a prática de sobrepreços que o comprador se dispõe a pagar, fazendo com que o ofertante ganhe com isso.

---

[14] OXENFELT (1973).

Em que pesem tais vantagens, existem obstáculos a serem superados. Segundo pesquisa feita com 81 executivos de empresas norte-americanas, europeias e chinesas, a precificação baseada no valor percebido pelo comprador apresenta as seguintes dificuldades: (a) a avaliação do valor, (b) a comunicação do valor, (c) a segmentação do mercado, (d) o gerenciamento da força de vendas e (e) o suporte da alta gerência,[15] parte delas relatada por um executivo de uma indústria de alimentos no texto a seguir.

Oportunidade perdida

Desenvolvemos um novo iogurte com benefícios para a saúde que planejei lançar com um sobrepreço. No entanto, fiquei frustrado porque não consegui que nenhum dos meus colegas (de marketing, vendas ou gerenciamento de contas-chave) apoiasse esse lançamento. Tudo o que eu ouvi foi: "O cliente só se importa com o preço! Os compradores de supermercados comparam nossos preços com os preços de seus produtos com marca própria – por isso, esqueça seus preços premium". Então desisti. Não lançamos o produto porque lançá-lo em paridade com a concorrência não nos permitiria atingir nossas metas de lucratividade. A ironia foi que, meio ano depois, um concorrente lançou um produto semelhante ao que deixamos de lançar – com um sobrepreço de 60%.

Fonte: Hinterhuber (2008, minha tradução).

Tais dificuldades chamam a atenção para o fato de que, além de persuadir o público externo (iniciadores, usuários, influenciadores, compradores, decisores e guardiões)[16] da vantagem de sua oferta, o gestor de preços necessita obter a adesão e o comprometimento tanto de seus superiores e subordinados como dos demais membros da equipe do ofertante à iniciativa por ele proposta.

4.3.5 AUTORIDADES CONSTITUÍDAS

A orientação dos preços para as autoridades constituídas é aquela que faz refletir nos preços as disposições emanadas das autoridades governamentais. Ou, como definido por Westlake, "impostas ao mercado por uma entidade externa".[17]

Entre essas disposições governamentais incluem-se os já mencionados preços administrados, as barreiras e facilidades para importação ou exportação, as regras para transferência de bens e serviços entre empresas do mesmo grupo econômico e a composição (para fins tributários) da cesta básica de alimentos.

[15] HINTERHUBER (2008).

[16] CHURCHILL; PETER (2010, p. 197).

[17] WESTLAKE *apud* CRAWFORD (1997).

Outras situações de protagonismo das autoridades constituídas são a fixação de preços mínimos para produtos agrícolas, a formação ou oferta de estoques reguladores pela Companhia Nacional de Abastecimento (Conab) e os já ocorridos tabelamentos de preço de alimentos.

De resto, no que diz respeito à orientação dos preços, deve-se ter em conta que, mesmo quando um gestor de preços segue uma dessas orientações, é comum ele se valer de outras delas para confirmar ou ajustar a decisão tomada.

4.4 AS CATEGORIAS DE PREÇOS

Os preços dos produtos do agribusiness são classificados, assim como de outras atividades econômicas, de acordo com a natureza da operação e o tipo de cliente a que se destinam em cinco categorias, a saber: (a) preços para a iniciativa privada no mercado interno; (b) preços para organismos governamentais; (c) preços para exportação; (d) preços para transferências domésticas (mercado interno); e (e) preços de transferências para o mercado externo, conforme resume a Figura 4.4.

Pricing	Para **INICIATIVA PRIVADA NO MERCADO INTERNO**	Critério: **LIVRE-ARBÍTRIO, com limitações impostas pelas leis de PROTEÇÃO AO CONSUMIDOR e DEFESA DA CONCORRÊNCIA**
	Para **ORGANISMOS GOVERNAMENTAIS**	Critério: **LIVRE-ARBÍTRIO, com limitações impostas pela leis de LICITAÇÕES e CONTRATOS ADMINISTRATIVOS**
	Para **EXPORTAÇÃO**	Critério: **LIVRE-ARBÍTRIO, com adequações impostas pela SECEX/ME**
	Para **TRANSFERÊNCIAS DOMÉSTICAS**	Critérios utilizados: **PREÇO DE MERCADO** **PREÇO DE MERCADO AJUSTADO** **CJUSTO MAIS MARGEM** **CUSTO PADRÃO MAIS MARGEM**
	Para **TRANSFERÊNCIAS INTERNACIONAIS**	Critérios aplicáveis: **PREÇO DE VENDA NAS EXPORTAÇÕES** **PREÇO DE VENDA NO PAÍS DE DESTINO** **CUSTO DE AQUISIÇÃO OU PRODUÇÃO** **estabelecidos pela Lei 9.430/96**

Figura 4.4 – Categorias de preços.

Essas categorias, como veremos a seguir, dão origem a várias implicações operacionais, financeiras e jurídicas a serem devidamente consideradas.

4.4.1 PREÇOS PARA A INICIATIVA PRIVADA NO MERCADO INTERNO

Os preços de um ofertante para a iniciativa privada no mercado interno são aqueles estabelecidos para pessoas físicas (consumidores) e pessoas jurídicas de direito privado (empresas privadas, cooperativas, associações, fundações, organizações da sociedade civil) dentro do mercado limitado pelas fronteiras nacionais e, portanto, sujeitos à concorrência dentro desses limites e à legislação em vigor para este tipo de transação.

Nesta categoria também se incluem as vendas pelo comércio eletrônico (e-commerce), sejam elas *business to client* (B2C) ou *business to business* (B2B).

No que concerne à capacidade decisória do ofertante, uma vez respeitados os limites e obrigações do agente econômico impostos pela legislação vigente – como os encargos tributários, as normas de proteção ao consumidor e as leis em defesa da concorrência –, esses preços são de seu livre-arbítrio.

4.4.2 PREÇOS PARA ORGANISMOS GOVERNAMENTAIS

Os preços para organismos governamentais são aqueles utilizados nos fornecimentos a e aquisições de órgãos ou entidades da administração pública direta e indireta mediante diferentes modalidades de licitação (pregão, concorrência, concurso, leilão e diálogo competitivo), ou em sua dispensa, conforme previsto pela legislação brasileira.[18]

Nesses fornecimentos, além de atender a todas as exigências que fazem parte do edital, o ofertante deverá ter presente que as propostas apresentadas estarão sujeitas a seis critérios de julgamento: menor preço, maior desconto, melhor técnica ou conteúdo artístico, melhor técnica e preço, maior lance (no caso de leilão) e maior retorno econômico.

Outra particularidade relevante dessa categoria de preço é que muitas das aquisições desses organismos têm seu prazo de liquidação bastante estendido em função das dificuldades orçamentárias que os órgãos e entidades públicas brasileiras costumam atravessar.

Quanto à prática de preços, desde que ela esteja de acordo com as regras estipuladas pela legislação competente, esses preços também são de livre-arbítrio do ofertante.

---

[18] Brasil, Lei federal n. 14.133/21 (Lei de Licitações e Contratos Administrativos), que após dois anos de sua promulgação substituirá, sem possibilidade de opção, as Leis federais n. 8.666/93 (Lei das Licitações), n. 10.520/02 (Lei do Pregão) e n. 12.462/11 (Regime Diferenciado de Contrações).

4.4.3 PREÇOS DE EXPORTAÇÃO

Os preços de exportação são aqueles utilizados para vendas ao exterior, portanto sujeitos à concorrência internacional e com uma incidência mínima de tributos, pois um dos imperativos de mercado nas transações internacionais é que "tributos não são exportáveis".

A despeito de serem, em princípio, de livre-arbítrio do ofertante, os preços de exportação dependem de aprovação da Secretaria de Comércio Exterior do Ministério da Economia (Secex/ME). Mediante esta exigência, o governo brasileiro se propõe a evitar a venda de produtos nacionais a preços abaixo do mercado internacional, a exportação de produtos proibidos e embarques fora dos limites, padrões ou condições previamente estabelecidos.

O tratamento tributário para venda ao mercado externo está previsto na Constituição Federal (lei fundamental), nas Leis Complementares n. 70/91 e 116/03 e na Medida Provisória n. 2158-35/01, afora outros dispositivos legais.

A par desse tratamento tributário diferenciado e das especificações contidas no contrato de exportação e na carta de crédito concedida pelo cliente com o patrocínio de uma instituição financeira, o preço para o mercado externo precisa levar em conta as despesas de entrega (despacho aduaneiro, transporte, seguro) e as despesas com as operações financeiras (crédito e câmbio) que a exportação acarretar.[19]

A Tabela 4.1 contém um exemplo da composição do preço de exportação – nesse caso de suco de laranja concentrado congelado posto no navio de embarque (*free on board* – FOB).

Tabela 4.1 – Composição do preço de exportação

SUCO DE LARANJA CONCENTRADO CONGELADO (FCOJ)		
Espécie	**Critério de alocação**	**Valor unitário US$/t**
+ Matéria-prima	laranja *in natura*	960.00
+ Material de embalagem	tambores	40.00
+ Mão de obra de fabricação	horas homem	70.00
+ Gastos gerais de fabricação	horas máquina	120.00
= CUSTO DE PRODUÇÃO	Custo do produto em si	**1,190.00**
+ Despesas c/agente no exterior	comissão do agente comercial de 1,5%	27.00

(*continua*)

19 BRASIL (2011c).

Tabela 4.1 – Composição do preço de exportação (*continuação*)

SUCO DE LARANJA CONCENTRADO CONGELADO (FCOJ)		
Espécie	**Critério de alocação**	**Valor unitário US$/t**
+ Despesas c/transporte rodoviário	da fábrica ao porto de embarque	100.00
+ Assessoria aduaneira	despacho aduaneiro, documentação	95.00
+Despesas portuárias	contêiners, armazenagem, carregamento	60.00
+ Despesas financeiras	despesa cambial e tarifas bancárias	65.00
+ Despesas administrativas	*overhead* de 10%	180.00
= CUSTO TOTAL (PLENO)	Custo de produção + contribuição corporativa	1,717.00
+ Despesas c/transporte marítimo	condição FOB (sem frete e seguro)	0.00
+ Margem de lucro	margem sobre preço FOB	83.00
= PREÇO DE EXPORTAÇÃO	**Preço condição FOB/t**	**1,800.00**

Fonte: adaptado de Bernardi (2017, p. 195-201).

Outra faceta igualmente importante dos preços de exportação das commodities agrícolas é o fato de serem dependentes das cotações das bolsas internacionais de mercadorias, do poder de barganha dos grandes compradores e dos subsídios e barreiras dos países importadores.

No que diz respeito à autonomia decisória do ofertante, uma vez que os preços pretendidos atendam às exigências da Secretaria de Comércio Exterior do Ministério da Economia, cabe ao ofertante/vendedor defini-los.

4.4.4 PREÇOS PARA TRANSFERÊNCIAS DOMÉSTICAS

Os preços para transferência doméstica são aqueles utilizados para transferências de produtos e serviços entre unidades produtivas ou comerciais (fábricas, lojas, divisões ou departamentos) de uma mesma empresa ou entre empresas de um mesmo grupo econômico operando no mercado interno.

Na terminologia jurídico-contábil, essas unidades vinculadas entre si – controladoras, controladas e coligadas – são denominadas partes relacionadas.[20]

[20] IUDÍCIBUS *et al.* (2010, p. 635-638).

Segundo Iudícibus, Martins, Gelbke e Santos, os critérios utilizados para a definição dos preços para partes relacionadas são:[21]

a. Preço de mercado

Nesta alternativa o preço é definido com base nos valores praticados pelo mercado, ou seja, a partir de cotações obtidas do mesmo objeto com idênticas condições de venda junto a outros fornecedores ou bolsas de negócios.

b. Preço de mercado ajustado

No caso de não existir produto idêntico ao objeto da transferência, o preço pode ser estabelecido com base em produtos similares, porém tendo seu valor ajustado de acordo com as características que os diferenciam.

c. Custo mais margem

Nesta opção o preço de transferência é determinado pelo custo efetivo mais uma margem de rentabilidade arbitrada pelo ofertante ou acordada entre as partes.

d. Custo padrão mais margem

Esta alternativa prevê o uso do custo padrão em vez do custo efetivo, mais uma margem de rentabilidade também arbitrada pelo ofertante ou acordada entre as partes, e tem por objetivo impedir a precificação baseada em custos excepcionais.

Além desses critérios, o gestor de preços deve considerar os interesses das diferentes partes envolvidas em cada transação, quais sejam:

a. Estabelecimentos remetentes e destinatários

O preço do bem ou serviço transferido pode afetar os custos, a carga tributária e o resultado econômico tanto da unidade operacional ou empresa que o remete como da que o recebe. Este fato, com frequência, leva seus responsáveis a divergir sobre os preços a serem utilizados.

b. Governos municipais

As transferências intermunicipais entre unidades operacionais ou empresas do mesmo grupo econômico são contabilizadas pelas Receitas Estaduais para efeito do retorno tributário determinado pela Constituição Federal e pela Lei Complementar n. 63/90 a que os municípios têm direito.

---

[21] IUDÍCIBUS *et al.* (2010, p. 639).

Daí o interesse das administrações municipais nesse tipo de operação e o cuidado especial do ofertante ao estabelecer esses preços.

c. Órgãos de administração tributária

Os órgãos de administração tributária nacional e estaduais (Secretaria da Receita Federal e Secretarias Estaduais da Fazenda) podem questionar os preços praticados nas transferências entre estabelecimentos do mesmo grupo empresarial tendo em vista a possível ocorrência de práticas lesivas ao erário público.

Mesmo sabendo que a preocupação dos órgãos fiscalizadores possa ser apenas o prejuízo de uma unidade da federação em relação à outra e não o montante oferecido à tributação, convém prevenir ações dessa ordem.

Por fim, em se tratando de companhias de capital aberto, cabe lembrar que os critérios utilizados nas transferências de vulto entre empresas relacionadas precisam fazer parte das notas explicativas de suas demonstrações financeiras.[22]

4.4.5 PREÇOS PARA TRANSFERÊNCIAS INTERNACIONAIS

Os preços para transferências internacionais, também conhecidos como *transfer prices,* são os preços praticados nas vendas de produtos e serviços para empresas fora do país e integrantes de um mesmo grupo empresarial ou a ele vinculadas. Na legislação brasileira tais empresas são igualmente denominadas de partes relacionadas.

Os valores passíveis de serem utilizados neste tipo de transferências devem obedecer ao estabelecido na Lei n. 9.430/96.[23] As disposições legais contidas nessa lei surgiram para impedir a transferência disfarçada de lucro e a evasão fiscal via o aviltamento dos preços dos produtos e serviços exportados.

Nesta categoria de preços também estão enquadrados os praticados nas transações de pessoas físicas e jurídicas brasileiras com "aquelas localizadas em países de tributação reduzida, independentemente de qualquer vinculação",[24] países estes vulgarmente denominados de "paraísos fiscais".

Os critérios aceitos pelo mencionado dispositivo legal são os seguintes:

a. Regra do preço de venda nas exportações

Este critério prevê a definição do preço de transferência com base na média aritmética dos preços de exportação do próprio ofertante para clientes a ele não juridi-

22 CVM, Ofício-Circular/CVM/SNC/SEP n. 01/2006, 2006, item 19.

23 IUDÍCIBUS *et al.* (2010, p. 14-19, 35-47).

24 Ver *Preço de transferência: transfer pricing* (PRICE WATERHOUSE, 1998, p. 9).

camente vinculados ou na média dos preços praticados por outros exportadores de bens e serviços idênticos ou similares.

Tanto nos preços dos bens e serviços idênticos como nos dos similares são permitidos ajustes em função das características da operação ou do objeto de exportação.

b. Regra do preço de venda no país de destino

Nesta opção a referência aceita é o preço médio de venda de bens e serviços idênticos ou similares praticados no mercado atacadista ou varejista do país de destino. Deste preço poderão ser excluídos os tributos sobre a venda e a margem de lucro, de 15% ou 30%, sobre o preço bruto no atacado ou varejo, respectivamente, do mesmo país.

De idêntica maneira poderão ser feitos ajustes que equiparem o objeto de exportação com o objeto de venda no país de destino.

c. Regra do custo de aquisição ou de produção

Nesta alternativa é utilizada a média aritmética dos custos de produção ou de aquisição dos bens e serviços exportados acrescida do custo dos tributos cobrados no Brasil e de uma margem de lucro de 15% sobre a soma destes custos.

4.5 ASPECTOS COMPORTAMENTAIS

O processo de compra nem sempre é marcado pela racionalidade do sujeito da ação, daí a importância de sopesarmos alguns dos aspectos comportamentais mais relevantes relacionados à aceitação e valorização do preço do objeto de venda.

De acordo com diferentes autores, dentre os muitos aspectos do comportamento do comprador relacionados ao preço, merecem especial atenção (a) o conflito de interesses entre ofertante e comprador; (b) as motivações intrínsecas do comprador; (c) os estímulos ao comportamento do consumidor; (d) a associação entre preço e qualidade da oferta; (e) a assimetria de informação; (f) as externalidades do consumo; (g) a percepção do preço exposto, (h) a lealdade à marca; e (i) o efeito da publicidade.

4.5.1 CONFLITO DE INTERESSES

Toda negociação de preços implica em um conflito de interesse em que cada uma das partes envolvidas - vendedor e comprador - procura extrair o máximo proveito.[25]

A Figura 4.5 ilustra esse conflito em uma negociação "corpo a corpo", considerando a existência de expectativas de preço do vendedor - oferta inicial, preço meta e preço

[25] Para Morris e Morris (1992, p. 73), o conflito entre vendedor e comprador ocorre porque ambas as partes se acham competindo pelas mesmas vantagens.

mínimo – diversas das expectativas de preço do comprador – oferta inicial, preço meta e preço máximo –, porém ambos os atores com firme intenção de fechar negócio.

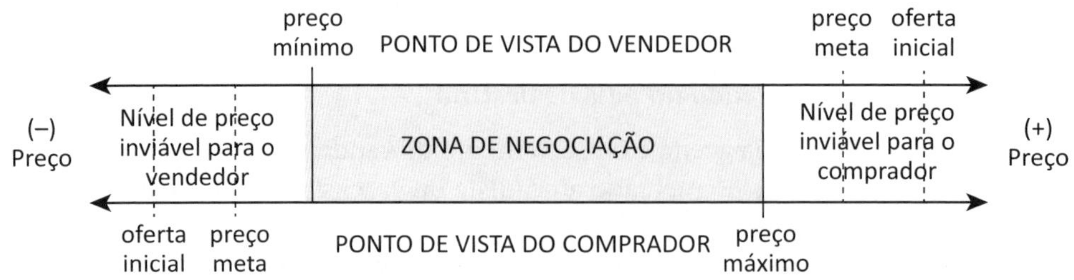

Figura 4.5 – Conflito de interesses na negociação do preço.

Fonte: adaptada de Morris e Morris (1992, p. 78).

Partindo dessa hipótese, a captura de valor do objeto de venda tenderia a se desenrolar da seguinte forma:

1) O *vendedor*, na expectativa de fechar uma venda bastante vantajosa, inicia a negociação com um preço exagerado – digamos R$ 15,00/unidade.

   Esse preço, além de servir para sondar a aceitação do *comprador*, inclui uma folgada margem que, se necessário, pode ser "sacrificada" até o preço atingir a meta almejada – digamos R$ 13,00/unidade.

   Entretanto, em nenhum momento nem esse preço meta nem o preço mínimo – suponhamos R$ 11,00/unidade, abaixo do qual o vendedor não estaria autorizado a operar – são mencionados.

2) O *comprador*, por sua vez, contesta a oferta do vendedor propondo um preço bem menor – digamos R$ 9,00/unidade –, que serve para manifestar seu desconforto com o preço proposto e trazer a negociação para um patamar próximo à sua própria meta, qual seja, de R$ 10,00/unidade.

   Enquanto isso, o preço máximo de compra – suponhamos R$ 12,00/unidade, praticado por seu fornecedor convencional e acima do qual o comprador não se dispõe a negociar – permanece como uma "carta na manga" do comprador para uso circunstancial.

3) Não havendo possibilidade de acordo com base nem nas ofertas iniciais e nem nos preços meta de cada um, mas persistindo o interesse tanto do *vendedor* como do *comprador* em negociar, é para o intervalo de preços possíveis – nesse caso entre R$ 11,00 e R$ 12,00/unidade (ver Figura 4.6) – que ambos se deslocam.

4) Para o *vendedor*, a esta altura, restam duas alternativas. A primeira consiste em enfatizar as vantagens competitivas de sua oferta, objetivando convencer

o *comprador* de que ele está pagando um preço justo. A segunda, de uso restrito, implica a concessão de benefícios extras – como a extensão do prazo de pagamento, frete por conta do fornecedor, doação de um lote de amostras a título de teste e assim por diante – que compensem o preço a maior a ser pago pelo *comprador*.[26]

5) Admitindo que o *vendedor* consiga convencer o *comprador* de que (a) as vantagens do produto ofertado valem R$ 1,20/unidade acima de seu preço meta de R$ 10,00, (b) a extensão do prazo de pagamento vale o valor adicional de R$ 0,30/unidade, (c) o frete por conta do ofertante vale R$ 0,50/unidade e (d) o bônus em mercadoria vale R$ 0,30/unidade, como expõe a Figura 4.6, o preço aceito seria, então, de R$ 12,30/unidade – preço este, ainda assim, apenas R$ 0,30/unidade maior que o preço máximo que o *comprador* pretendia pagar.

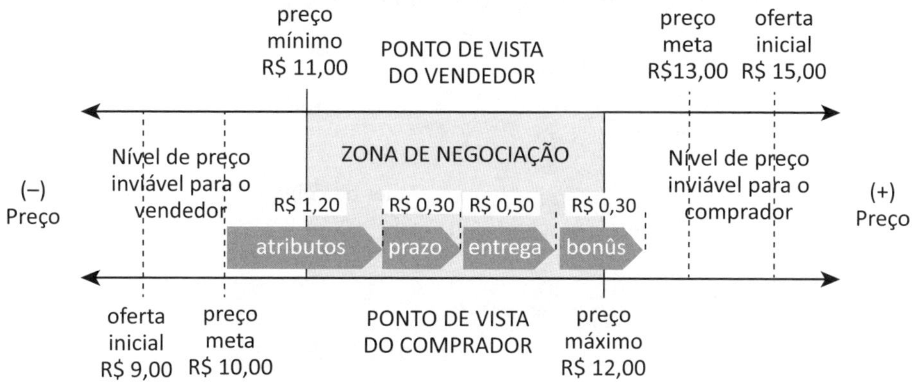

Figura 4.6 – Limites do preço para a captura de valor.

Este é o relato de um padrão de negociação. Acontece que, salvo exceções, no dia a dia os diálogos não são tão objetivos, os propósitos tão claros e as margens de manobra tão elásticas. Pelo contrário, a batalha dos preços costuma se revelar renhida e repleta de dificuldades.

Em vista disso, é de boa medida que argumentos contundentes – do tipo fragilidades e defeitos dos concorrentes –, bem como a concessão de benefícios adicionais ao comprador, sejam "colocados na mesa" apenas à medida da real necessidade e sem perder de vista suas consequências para futuras negociações.

[26] Corroborando esse tipo de postura, Nagle e Holden (2003, p. 193) recomendam: "nunca aceite um pedido de redução de preços sem exigir algo em troca". Já Smith (2012, p. 88) aconselha: "inicie a negociação de preço com o cliente agressivamente, mas faça concessões relutantemente".

4.5.2 MOTIVAÇÕES INTRÍNSECAS

Os compradores possuem motivações intrínsecas, nem sempre transparentes, que podem definir seu comportamento de compra.

Tais motivações são determinadas não só pelos atributos do objeto de venda, mas também pelo poder aquisitivo e perfil psicossocial do cliente, pela relação pessoal do comprador com o vendedor e pelo ambiente no qual a oferta se dá.

Exemplificando, o valor que um comprador está disposto a pagar por um refrigerante de igual marca, tamanho e sabor em um supermercado, em uma lanchonete, em um estádio de futebol ou em um quarto de hotel é diferente. Mesmo ele sabendo que a bebida tem idêntica origem (fornecedor) e idêntico custo de fornecimento.

Partindo dessa premissa e com base em duas variáveis elementares – valor monetário e subjetividade[27] –, Nagle e Holden classificam as decisões de compra em quatro quadrantes motivacionais. Esses quadrantes são (a) preço, (b) conveniência, (c) valor percebido e (d) relacionamento, como ilustra a Figura 4.7.

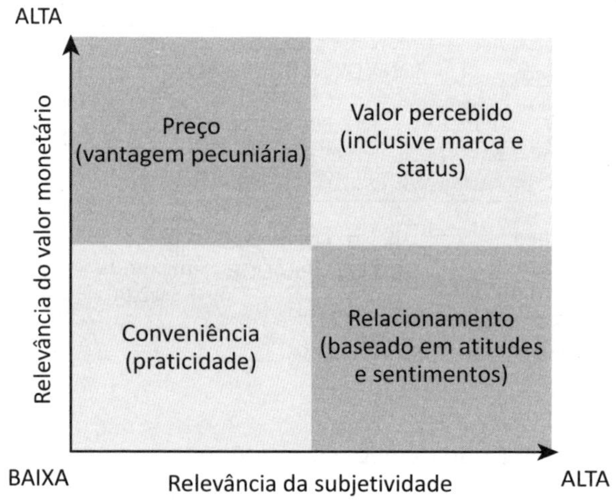

Figura 4.7 – Motivações intrínsecas do comprador.

Fonte: adaptada de Nagle e Holden (2003, p. 104).

No quadrante motivacional "Preço", a relevância do valor monetário é alta e a subjetividade é baixa. O comprador decide basicamente pela vantagem pecuniária da oferta.

---

27 Nagle e Holden (2003, p. 104) nomeiam as coordenadas de seu gráfico de "dor do preço" e "valor da diferenciação".

No quadrante motivacional "Conveniência", tanto a relevância do valor monetário da compra como a subjetividade da escolha são baixas. O comprador decide mais pela praticidade da aquisição - do tipo proximidade do ponto de venda, oportunidade da compra, sortimento do fornecedor, sistema de entrega - do que por outras razões.

No quadrante "Valor percebido", a importância do preço é alta, assim como a dos aspectos subjetivos da escolha. Nesse caso o comprador costuma associar a qualidade da oferta a seu preço, e valores subjetivos como a marca do produto, o status conferido pela oferta e a reputação do ofertante podem ser decisivos.

E no quadrante "Relacionamento" a importância do preço é baixa e a da relação pessoal do comprador com o vendedor/ofertante é alta. São o carisma, as atitudes, a postura e a reputação do vendedor e os sentimentos e associações que sua atuação desperta no comprador que acabam decidindo a compra.

Uma vez que o ofertante tenha identificado tais comportamentos típicos em seu mercado-alvo, fica facilitada a tarefa de definir as diretrizes de precificação a serem adotadas.

4.5.3 ESTÍMULOS AO COMPORTAMENTO DO CONSUMIDOR

A preferência por determinada oferta e a aceitação de seu preço também são fortemente influenciadas pela exposição do comprador aos chamados estímulos ao comportamento do consumidor.[28]

De acordo com Bennett e Kassarjian, esses estímulos, intencionais ou não e implícitos ou explícitos, são importantes indutores da maior ou menor aceitação do produto, da marca e dos serviços patrocinados pelo ofertante.

Considerando a natureza desses estímulos, esses mesmos autores os classificam nas seguintes espécies (Figura 4.8):

a) *Comercial-pessoal*: fazem parte desta categoria os estímulos emitidos por vendedores e representantes comerciais, por promotores de venda e pelo pessoal de atendimento ao cliente.

b) *Comercial-impessoal*: nesta espécie estão incluídos os atributos dos objetos de venda (produtos ou serviços), sua embalagem, sua publicidade direta e indireta e seus canais de venda físicos e virtuais.

c) *Não comercial-pessoal*: este grupo é composto pelos estímulos patrocinados pelas redes pessoais digitais (boca a boca online ou e-WOM), grupos de referência (família, amigos, "tribo", colegas de trabalho, vizinhos, comunidade local, categoria profissional), especialistas (autoridades em qualquer área do conhecimento) e os ídolos, líderes e celebridades (artistas, desportistas, ativistas sociais, políticos, empresários, profissionais de destaque), atuando sem interesse financeiro ou comercial.

---

[28] BENNETT; KASSARJIAN (1975, p. 17-19).

d) *Não comercial-impessoal*: nesta classe localizam-se os incentivos difundidos pela mídia convencional (rádios, jornais, televisão, revistas), mídia especializada (para públicos específicos) e internet em geral (canais digitais, sites de notícias, blogs, vídeos, podcasts) cujo conteúdo não tem propósito comercial direto.

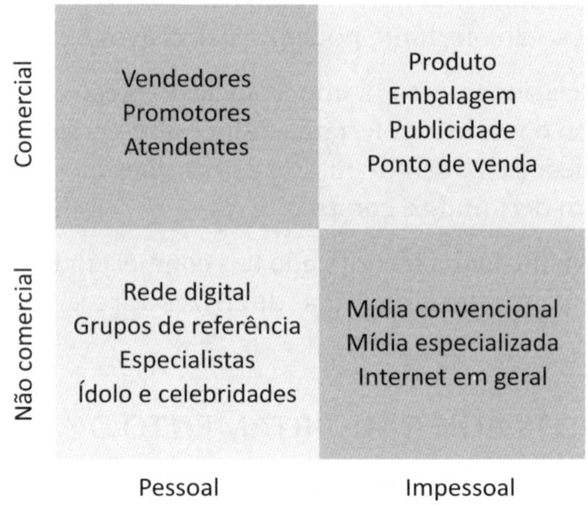

Figura 4.8 – Espécies de estímulos ao consumidor.

Fonte: adaptada de Bennett e Kassarjian (1975, p. 19).

Ainda em relação a esses estímulos e tendo em mente que "o meio é a mensagem",[29] há que se ressaltar a crescente importância da internet para a construção da imagem da oferta e a comparação de seus atributos, o que inclui seu preço.

4.5.4 ASSOCIAÇÃO PREÇO-QUALIDADE

Outro aspecto relevante da decisão de compra diz respeito à associação feita pelo comprador entre o preço e a qualidade do objeto de venda.

Conforme apontam diferentes autores, para basear seu julgamento e na ausência de outras informações, o comprador costuma estabelecer uma relação direta entre a qualidade do objeto de venda e o preço ao qual ele é ofertado. Ou seja, quanto maior o preço, maior a qualidade, e vice-versa,[30] como ilustra a Figura 4.9.

[29] Máxima cunhada pelo canadense Herbert Marshall McLuhan, reconhecido teórico da comunicação.

[30] EMERY *apud* MORRIS; MORRIS (1992, p. 65); CRAWFORD (1997); KOTLER; KELLER (2018, p. 511).

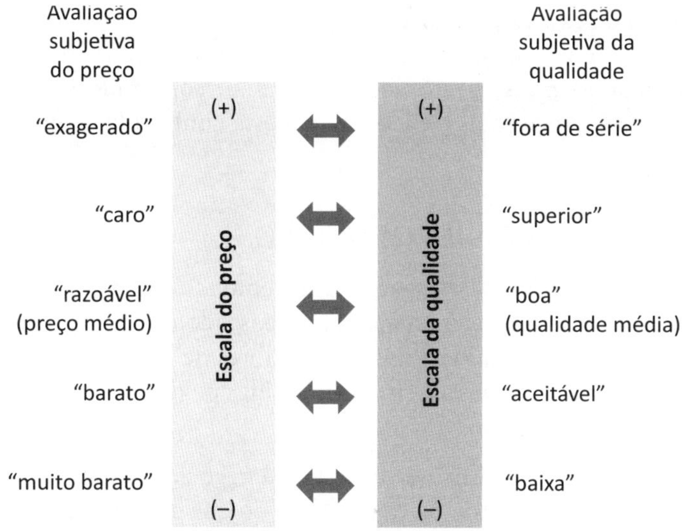

Figura 4.9 – Preço como indicador de qualidade.

Fonte: adaptada de Morris e Morris (1992, p. 65).

Por isso mesmo, argumenta Crawford, autor de *Agricultural and food marketing management*, na mesma medida que os preços altos, também os preços baixos podem constituir uma barreira para o sucesso das vendas, como explica o texto a seguir.

O preço como barreira

Os consumidores costumam tomar o preço como indicador do nível de qualidade do produto ou serviço. Os preços baixos podem, em certas circunstâncias, constituir uma barreira às vendas, tanto quanto os preços demasiado elevados. Se o produto é considerado muito barato, os consumidores começam a questionar se ele possui a qualidade adequada. Ao optar por não adquirir a marca mais barata entre os produtos concorrentes, o consumidor busca evitar o risco de adquirir um produto com desempenho considerado inferior.

Fonte: Crawford (1997, minha tradução).

Em virtude dessa associação e pelo fato de a qualidade ser um valor relativo, isto é, a qualificação de uma oferta depende também da qualidade e preço das demais, a percepção do comprador pode ser alterada por ofertas com outros níveis de preço, quer do próprio ofertante, quer de seus concorrentes.

Melhor explanando, um fabricante de equipamentos agrícolas pode lançar um tipo de colheitadeira multifuncional e de preço superior com o objetivo de atrair compradores para o seu equipamento não tão sofisticado e de menor preço, tática de venda denominada *down selling*. Pode também lançar um equipamento mais simples, de menor capacidade e mais barato, visando seduzir compradores para um modelo mais completo e com preço mais elevado, tática está conhecida como *up selling*.

4.5.5 ASSIMETRIA DA INFORMAÇÃO

Em seu renomado artigo "The market for 'lemons': quality uncertainty and the market mechanism", Akerlof[31] chama a atenção, baseado em sua pesquisa do mercado de carros usados, de seguro-saúde e de trabalhadores de minorias étnicas, para a importância da assimetria entre as informações detidas pelo vendedor e pelo comprador de determinado bem ou serviço.

Segundo esse autor, em condições normais de negociação o vendedor estará sempre mais bem informado sobre o objeto da venda do que o comprador. Essa assimetria leva o comprador, visando não pagar um preço maior por um produto que talvez seja só aparentemente superior, a barganhar para que seu preço fique próximo ao preço médio de mercado, procedimento este que pode acabar excluindo do mercado os produtos mais caros e de qualidade realmente superior.

Exemplificando, ao adquirir uma fruta de origem orgânica o comprador tenderá a dar preferência por aquela cujo preço for mais próximo do preço médio da mesma fruta, porém não orgânica.

No intuito de evitar os desdobramentos de tal fato, ou seja, que o comprador deixe de adquirir o produto ofertado ou que o produto de maior qualidade acabe sendo excluído do mercado, os ofertantes têm utilizado procedimentos de certa forma padronizados, como:

- manter, no caso de compras repetitivas, a mesma qualidade da oferta, de forma que ela passe a ser um forte indicador de seus atributos para os clientes;
- proporcionar ao comprador uma experiência prévia de uso ou consumo (prova, teste) que elimine, senão toda, grande parte da insegurança porventura existente;
- mencionar clientes especiais que já adquiriram o produto ofertado e que possam servir de referência ao potencial comprador;
- disponibilizar informações técnicas sobre o objeto de venda que eliminem ou reduzam as dúvidas do comprador;
- dar garantia expressa da qualidade ofertada por meio de termos de garantia, cláusulas contratuais, selos de qualidade e certificados de origem; e
- oferecer a possibilidade de substituição ou devolução da mercadoria adquirida.

---

[31] AKERLOF (1970). George A. Akerlof, economista norte-americano que recebeu o Prêmio Nobel de Economia de 2001.

4.5.6 EXTERNALIDADES DO CONSUMO

Externalidades do consumo são os efeitos de caráter interpessoal que a aquisição e o consumo de um bem ou serviço provoca em outros consumidores não protagonistas da mesma iniciativa.[32]

Para o *pricing*, entre esses efeitos colaterais revestem-se de especial relevância a propensão à imitação pelo fenômeno moda (*bandwagon effect*), a tendência a evitar o consumo devido a tabus sociais (*social taboos*), a preferência pela exclusividade decorrente do esnobismo (*snob effect*) e a inclinação ao consumo conspícuo denominado efeito Veblen (*Veblen effect*).[33]

O fenômeno moda é aquele que faz um consumidor querer ser igual a outros, adquirindo, possuindo ou consumindo os mesmos produtos e serviços. O tabu social tem efeito contrário, pois leva o consumidor a restringir a aquisição e o consumo de determinado bem ou serviço em razão da desaprovação social que este provoca. O esnobismo, por sua vez, leva ao consumo de bens e serviços exclusivos, diferenciados, que possam distinguir seu usuário dos demais, especialmente dos menos privilegiados. E o efeito Veblen se caracteriza pelo consumo conspícuo ou ostentatório de produtos e serviços de luxo, personalizados ou raros e com preços notadamente mais elevados.[34]

Nas duas primeiras manifestações de externalidade – o fenômeno moda e o tabu social –, o preço diminui de importância, pois são as referências sociais e os costumes que determinam a preferência do comprador. No esnobismo o preço assume uma importância relativa: em alguns casos é determinante, em outros, não. Já na última – o efeito Veblen –, o preço é decisivo, pois somente sendo superior "faz a cabeça do comprador", conforme ilustra o Quadro 4.1.

Quadro 4.1 – Externalidades do consumo

Manifestação	Motivação	Relevância do preço
Efeito moda	Aprovação social	Diminuída
Tabu social	Desaprovação social	
Esnobismo	Exclusividade	Relativa
Efeito Veblen	Ostentação	Decisiva

32 Para Wonnacott e Wonnacott (1994, p. 104), em economia, externalidade é "o efeito (benéfico ou não) de uma ação a pessoas ou empresas que não são responsáveis pela ação".

33 O efeito Veblen tem esse nome por ter sido tratado originalmente por Veblen (1912) em *The theory of the leisure class: an economic study of institutions.*

34 LEIBENSTEIN (1950).

Além desses, outro tipo de externalidade – denominada de impacto ambiental ou "pegada ecológica" – vem crescendo em importância nas últimas décadas afetando tanto a demanda como os preços praticados.

Impacto ambiental é o resultado da ação humana sobre o meio ambiente em que vivemos, quer sobre os recursos naturais (solo, água e ar), quer sobre os seres vivos (humanos, animais e vegetais).

Os produtos e serviços que afetam o meio ambiente dão origem a movimentos díspares. Em alguns mercados seu consumo e preço são reduzidos em razão da condenação social e restrições institucionais a que estão sujeitos. Em outros, seus preços se elevam devido à sua escassez e riscos que envolvem sua produção e comercialização. Esse pode ser o caso da madeira extraída com a devastação de florestas naturais (*e.g.*, mogno, jacarandá ou ipê da Amazônia), de artigos cuja origem ameaça uma espécie animal (*e.g.*, pele de felinos, chifres de rinocerontes e marfim de elefantes) ou de minerais que são obtidos assolando ou contaminando recursos naturais (*e.g.*, extração artesanal de ouro com o uso de bombas de alta pressão e mercúrio líquido).

Movimentos esses diferentes dos que ocorrem com produtos sustentáveis ou ecológicos. Enquanto o preço de alguns destes produtos cresce em função de sua promessa de sustentabilidade ambiental, da escassez de insumos com certificação ecológica e da preferência dos consumidores, o de outros cai pela economia de escala gerada por sua crescente demanda e pela entrada de novos competidores.

A despeito disso, contrariando tal tendência, uma pesquisa feita pela consultoria Deloitte em vários países – entre eles Irlanda, Itália, Alemanha, Austrália e China – detectou de 2021 para 2022 um declínio na compra dos chamados produtos "verdes" e a principal razão alegada foi o preço mais alto.[35]

4.5.7 PERCEPÇÃO DO PREÇO EXPOSTO

A percepção do preço da oferta exposto ao cliente é mais um elemento a afetar o comportamento do comprador.

De acordo com algumas pesquisas envolvendo o comportamento de compra,[36] uma percepção mais favorável do preço de venda pode ser obtida pelo uso de alguns expedientes ao expô-lo ao cliente isoladamente ou ao lado de outras ofertas.

Para o caso do preço de uma oferta isolada são mencionados os seguintes expedientes:

- *exposição do preço de uma fração em lugar do todo;*

  Exemplo: preço = R$4,00 por 100 g em vez de preço = R$40,00 por kg, ou preço = R$3,00 por dia em vez de preço = R$90,00 por mês.

---

35 *The cost of buying green* em Deloitte Insights (PIETERS, NOVAK, PANKRATZ e ROGERS, 2022).

36 KRISHNA em RAO (2009, pp. 76-78).

- *exposição do preço das partes que o compõe em lugar de somente o preço do todo*;

  Exemplo: preço do produto = R$140,00, valor do imposto = R$14,00, custo do frete = R$17,00, valor total = R$171,00 em vez de somente preço total = R$171,00.

- *exposição do preço bruto e do desconto em lugar de somente o preço líquido*;

  Exemplo: preço original = R$70,00, desconto de 30% = R$21,00, preço de oferta = R$49,00 em vez de só preço de oferta = R$49,00.

- *exposição do preço quebrado em lugar do preço arredondado*;

  Exemplo: preço = R$5,99 em vez de preço = R$6,00.

Para o caso de itens colocados ao lado de ofertas concorrentes, algumas opções são:

- *exposição do preço do item promovido próximo de ofertas similares de maior valor* (tática do preço ancorado);
- *definição de um preço reduzido para o item principal acompanhado de itens que lhe complementem mais caros* (tática do preço compensado);
- *definição do preço do item promovido maior que os de seus concorrentes para dar prestígio à oferta* (tática do preço premium).

4.5.8 LEALDADE À MARCA

A aceitação de determinado preço de oferta também está relacionada à participação de mercado do bem ou serviço ofertado.

Isso significa que, como regra, os compradores são menos sensíveis às diferenças de preço das marcas e objetos de venda com maior participação de mercado (*market share*), comportamento este denominado "lealdade dos consumidores aos líderes de mercado".[37]

Para explicá-lo, tomemos como referência a participação em 2017 dos principais *players* do mercado brasileiro de sucos de frutas e néctares constantes na Tabela 4.2.

---

[37] NAGLE; HOLDEN (2003, p. 108).

Tabela 4.2 – Participação no mercado brasileiro de sucos de frutas e néctares

Empresa	Origem	Marca	Participação
Coca-cola	EUA	Del Valle +	21,5%
Pepsico	EUA	Kero Coco	4,3%
Heineken	Holanda	Skinka	4,1%
Britvic	Reino Unido	Maguary/ Da Fruta	4,1%
Outras	n/d	Diversas	66,0%

Fonte: *Panorama do mercado brasileiro de bebidas não alcoólicas* (MOBLICCI, 2018).

Com base nessa tendência e nos dados dessa pesquisa, deduz-se que, pelo fato de a Del Valle nessa época ser a líder nesse mercado ou por estar associada à Coca-Cola, também líder em seu segmento, tanto seus intermediários como seus consumidores suportariam melhor acréscimos no preço dos sucos de fruta e néctares da marca Del Valle do que nos preços de seus competidores.

Essa lealdade é, seguramente, uma das razões para os ofertantes perseguirem com tanto afinco a liderança em seus respectivos mercados.

4.5.9 EFEITO DA PUBLICIDADE

Os ofertantes em geral sabem da importância da comunicação na promoção de vendas e sustentação dos preços de comercialização. É senso comum que "produto exposto na vitrine vende mais" e que "a propaganda é a alma do negócio".

As razões para tamanho impacto da publicidade nas decisões de compra não são totalmente conhecidas, porém seus efeitos, como exemplifica o texto de Dorfman a seguir, sim.

O efeito da publicidade

Ela [liderança oligopolista] ocorre através de vários mecanismos dos quais o mais evidente é a existência de economias de escala em publicidade. Se uma empresa duplica o número de inserções de um anúncio ou anuncia em veículos de publicidade com o dobro da circulação dos previamente usados, seus custos de publicidade aproximadamente duplicarão, mas a eficácia de sua campanha mais que duplicará. As causas psicológicas desse fenômeno são obscuras; ao que parece, as exposições repetidas dos anúncios de uma empresa produzem efeito cumulativo.

> Os técnicos de publicidade dizem "repetição é reputação". Parece que uma campanha de publicidade deixa um resíduo do sentimento de familiaridade, que dá ao consumidor garantia e segurança quando compra o produto, e o torna inseguro e assustado quando se defronta com um artigo não anunciado. Os fregueses, geralmente, acreditam que se uma empresa gasta uma grande soma em publicidade não poderá oferecer-lhe um produto inferior. Seja, porém, como for, uma única ou rara exposição à publicidade de uma empresa não predispõe o consumidor a comprar, todavia frequentes exposições em meios publicitários de grande circulação geralmente o fazem. Isso dá marcadas vantagens às grandes campanhas publicitárias e às grandes firmas que se podem permiti-las.
>
> *Fonte*: DORFMAN (1969, p. 148-149).

Tal fenômeno mercadológico serve para explicar as vultosas verbas – cerca de 2% do PIB mundial – gastas com publicidade[38] na televisão, rádio e internet, merchandising em filmes e novelas, eventos de grande audiência, outdoors em pontos estratégicos e contratos de divulgação com celebridades.

Em que pese tamanho aporte de recursos financeiros, Sharp alega haver muito desperdício nessa área. Por isso mesmo, propõe que a publicidade convencional baseada no posicionamento mental do produto seja substituída pela de saliência da marca (*brand salience*). Isso significa que:

a) mais do que ser compreendida, a mensagem do anunciante deve ser notada;

b) mais do que divulgar proposições de venda, deve promover associações relevantes;

c) mais do que persuadir, deve construir e renovar estruturas de memória; e

d) em vez de campanhas rápidas e intensas, sua presença deve ser contínua.[39]

De outra parte, Smith lembra que cabe ao produtor/fabricante, ou a alguma entidade à qual ele esteja associado, a promoção dos benefícios da oferta (*benefit-oriented communication*), enquanto a divulgação dos preços, descontos e outras vantagens financeiras (*price-oriented communication*) é um encargo do ponto de venda.[40]

Por conseguinte, para um gestor de preços, a questão não é se o ofertante deve ou não fazer publicidade, mas quanto, onde e como essa publicidade deve acontecer.

---

38 SHARP (2017, p. 173).

39 SHARP (2017, p. 23).

40 SMITH (2012, p. 88).

CAPÍTULO 5
O custo no agribusiness

O custo representa o ponto de partida do pricing, *não o ponto de chegada.*

Michael H. Morris e Gene Morris

5.1 O CONCEITO DE CUSTO DO OBJETO DE VENDA

Custo, em seu sentido mais amplo, é o valor monetário, ou seu equivalente, dos recursos necessários para alcançar determinado objetivo.[1]

Em termos contábeis, o custo total de um objeto de venda é definido como o custo do produto, mercadoria ou serviço vendido, também conhecido pelas siglas CPV ou CPMSV, mais as despesas periódicas que lhe competem, todos efetivamente comprovados.

Já o custo do produto ou da mercadoria vendida é o resultado do custo do seu estoque inicial somado ao custo de suas entradas adicionais e subtraído do custo de seu estoque final,[2] como demonstra a fórmula a seguir:

---

1 Para Horngren, Datar e Rajan (2012, p. 27), em *Cost accounting: a managerial emphasis*, custo é "um recurso sacrificado ou abandonado para atingir um objetivo específico" e "medido como o valor monetário que deve ser pago para adquirir bens ou serviços" (tradução minha).

2 IUDÍCIBUS *et al.* (2010, p. 504-505).

CUSTO CONTÁBIL DO PRODUTO OU DA MERCADORIA VENDIDA (*n*) =

Custo do Estoque Inicial (*n*) + Custo das Entradas Adicionais (*n*) -
Custo do Estoque Final (*n*)

Por sua vez, o custo das entradas adicionais é composto pelo custo de aquisição (valor de compra mais despesas acessórias menos créditos tributários) e/ou pelo custo de produção (custo dos materiais aplicados mais custo da mão de obra aplicada mais gastos gerais de produção) do objeto de venda, conforme segue.

CUSTO DE AQUISIÇÃO DO OBJETO DE VENDA (*n*) =

Valor da compra (*n*) + Valor das despesas acessórias (*n*) –
Valor dos créditos tributários (*n*)

CUSTO DE PRODUÇÃO DO OBJETO DE VENDA (*n*) =

Custo dos materiais (*n*) + Custo da mão de obra (*n*) + Gastos gerais de produção (*n*)

Em vez disso, para fins de precificação, o custo do objeto de venda ou custo unitário vem a ser o somatório dos dispêndios realizados e a realizar, nem sempre comprovados, pois podem ser simplesmente estimados, necessários para a entrega de uma unidade do produto, mercadoria ou serviço. Portanto, um conceito que guarda alguma diferença do estabelecido para o custo contábil.

Os referidos dispêndios a realizar são aqueles que fazem parte do custo do objeto de venda, mas ainda não aconteceram. Este é o caso dos gastos com o produto ainda não fabricado, do frete de uma mercadoria CIF (*cost, insurance and freight included* ou "posta no cliente") ainda não entregue, e dos serviços de garantia de qualidade ainda não realizados.

5.2 PRINCIPAIS COMPONENTES DO CUSTO DA OFERTA

Os componentes do custo e do preço de um objeto de venda – seja ele uma commodity agropecuária, um produto agroindustrial, uma mercadoria para revenda ou um serviço prestado – costumam se apresentar, diversamente do que ocorre nos relatórios contábeis, quando sinteticamente da forma estruturada no Quadro 5.1.

Até mesmo as atividades de plantio, criação de animais e exploração de florestas podem ser sujeitas a essa estrutura de custo e preço. Nem o fato de algumas delas possuírem um ciclo de produção alongado as impede, como veremos mais adiante, de terem seus elementos assim dispostos.

Quadro 5.1 – Estrutura do custo e do preço do objeto de venda

Produto agropecuário	Produto industrial	Mercadoria revenda	Serviço prestado
+ Insumos agropecuários	+ Matérias primas	+ Mercadorias compradas	+ Materiais aplicados
– Créditos tributários	– Créditos tributários	– Créditos tributários	
+ Mão de obra	+ Mão de obra		+ Mão de obra
+ Gastos gerais	+ Gastos gerais		+ Gastos gerais
= CUSTOS DE PRODUÇÃO	**= CUSTOS DE FABRICAÇÃO**	**= CUSTOS DE AQUISIÇÃO**	**= CUSTOS DE EXECUÇÃO**
+ Despesas comerciais	+ Despesas comerciais	+ Despesas comerciais	+ Despesas comerciais
+ Despesas tributárias	+ Despesas tributárias	+ Despesas tributárias	+ Despesas tributárias
+ Despesas administrativas	+ Despesas administrativas	+ Despesas administrativas	+ Despesas administrativas
+ Despesas financeiras	+ Despesas financeiras	+ Despesas financeiras	+ Despesas financeiras
= CUSTOS TOTAL (PLENO)	**= CUSTOS TOTAL (PLENO)**	**= CUSTOS TOTAL (PLENO)**	**= CUSTOS TOTAL (PLENO)**
+ Margem de lucro	+ Margem de lucro	+ Margem de lucro	+ Margem de lucro
= PREÇO DE VENDA	**= PREÇO DE VENDA**	**= PREÇO DE VENDA**	**= PREÇO DE VENDA**

Existem outras formas de apurar e demonstrar a composição do custo e do preço de um objeto de venda. Porém, qualquer que seja a escolha, é importante ter sempre presente, como enfatizam Nagle, Hogan e Zale, que "a melhor maneira de evitar ser enganado por uma demonstração de resultados tradicional é desenvolver um sistema de custeio gerencial independente do sistema usado para os relatórios contábeis".[3]

5.3 OS USOS DO CUSTO UNITÁRIO

Seja qual for o objeto de venda, o mercado ou o agente determinante do preço, o conhecimento do custo unitário desse objeto é importante pelas razões abordadas a seguir.

Nos casos em que o agente determinante do preço é o ofertante (por isso denominado preço de venda), o conhecimento do custo unitário é necessário para estabelecer qual preço será praticado. Nos casos em que o agente determinante do preço for um

3 NAGLE; HOGAN; ZALE (2010, p. 190, tradução minha).

comprador ou a livre concorrência (preço de mercado), ou ainda uma autoridade governamental (preço administrado), o custo apurado serve para determinar qual será a margem de rentabilidade proporcionada por esse mesmo preço.

O conhecimento do custo unitário também permite que o gestor de preços ofereça, com base em diferentes arranjos, preços finais mais competitivos. Por exemplo, sabendo do impacto da quantidade produzida ou comercializada na parcela do custo fixo alocada a cada unidade de produto, ele pode propor alternativas de preço-quantidade sem qualquer prejuízo à rentabilidade da operação. Mais do que isso, pode até melhorá-la.

Adicionalmente, esse mesmo conhecimento possibilita que o responsável pela fixação de preços possa questionar os custos das matérias-primas e dos processos em uso – entre eles os decorrentes das decisões de fazer ou comprar – e articular para que sejam reduzidos.

Para esclarecer esse ponto, imaginemos um fabricante de bombons que utilize a matéria-prima noz-pecã com casca, a qual, depois de entregue, é descascada, selecionada, higienizada e moída de acordo com as exigências técnicas e sanitárias do produto.

Assim, de posse da composição do custo do item "bombom com nozes", o gestor de preços pode comparar o custo da matéria-prima adquirida (a noz-pecã com casca) somado ao custo de seu processamento (mão de obra, energia, depreciação etc.) com o custo da noz moída e higienizada ofertada pelo mercado. E caso for mais vantajoso adquiri-la pronta para uso, pressionar as áreas de compras e produção de sua empresa para que isso aconteça.

Outro benefício de o ofertante conhecer o custo unitário, e junto com ele a margem de cada produto, é poder identificar a origem dos lucros ou prejuízos ocorridos. Isto é, quais itens de produto, canais de venda, segmentos de mercados, tipos de operação, agentes de venda e até mesmo clientes são responsáveis pelos bons ou maus resultados obtidos por cada produto.

A partir daí, poderá decidir em quais alternativas de produção e comercialização investir, modificar, desencorajar ou mesmo eliminar. Além disso, se dispuser de informações sobre o custo de seus competidores, poderá compará-los com os seus próprios e identificar quais deles devem ou não ser revistos.

5.4 CONSIDERAÇÕES SOBRE A TERMINOLOGIA EMPREGADA

Os demais tópicos deste capítulo tratam dos vários métodos, critérios e técnicas de apuração do custo dos componentes do objeto de venda e, em decorrência, de seu custo total.

Antes, porém, por razões didáticas, convém um esclarecimento sobre as diferentes espécies de dispêndio, agrupamentos de gastos e a expressão "contribuição corporativa", que serão adiante mencionadas.

5.4.1 QUANTO ÀS ESPÉCIES DE DISPÊNDIOS

Dispêndio no âmbito das ciências econômicas é tudo aquilo que é consumido visando alcançar determinado objetivo.

Em relação às diferentes espécies de dispêndios, faz-se conveniente discorrer sobre os seguintes termos aqui utilizados: "gasto", "custo" e "despesa", junto com seus complementos "direto", "indireto", "com *overhead*", "fixo", "variável" e "semifixo".

O termo "gasto", assim como a palavra "dispêndio", irá se referir a todo tipo de encargo econômico-financeiro patrocinado pelo objeto de venda, seja ele custo ou despesa. Porém, quando vier complementado pelas expressões "com *overhead*" ou "de *overhead*", significa que estará se referindo somente ao gasto indireto, custo indireto ou despesa indireta.

O termo "custo", por sua vez, será preferencialmente utilizado para designar os dispêndios com a geração do objeto de venda em si – ou seja, para nos referirmos aos gastos com materiais, mão de obra e gerais necessários para produzir um bem, adquirir uma mercadoria ou executar um serviço. Apesar dessa preferência, o mesmo termo "custo" também é utilizado com outros sentidos, como é o caso das expressões "custo total", "custo integral" e "custo pleno", que vêm a ser a soma de todos os custos e despesas que compõem o objeto de oferta.

Já o termo "despesa" será mais empregado para os dispêndios denominados despesas periódicas (ou contribuição corporativa) que não estão relacionados à produção, aquisição ou execução do objeto de venda, porém são necessários para a geração da receita (venda) e a gestão do empreendimento.

Acrescente-se a isso que tanto o custo como a despesa são "diretos" quando sua ocorrência se encontra diretamente relacionada a seu fato gerador, e "indiretos" quando não existir essa relação direta, como procura demonstrar o Quadro 5.2.[4]

Quadro 5.2 – Espécies de dispêndios de um objeto de venda

Agrupamento	Espécie
+ Matéria-prima (insumo)	custos diretos vinculados à produção
+ Material de embalagem	
+ Mão de obra direta de produção	
+ Mão de obra indireta de produção	custos indiretos vinculados à produção
+ Gastos gerais de produção	
= CUSTO DE PRODUÇÃO	**CUSTOS**

(*continua*)

4 HORNGREN; DATAR; RAJAN (2012, p. 28-29).

Quadro 5.2 – Espécies de dispêndios de um objeto de venda (*continuação*)

Agrupamento	Espécie
+ Despesas comerciais diretas	despesas diretas vinculadas à venda
+ Despesas de entrega diretas	
+ Despesas financeiras diretas	
+ Despesas tributárias diretas	
+ Despesas comerciais indiretas	despesas indiretas vinculadas à venda e à gestão
+ Despesas de entrega indiretas	
+ Despesas financeiras indiretas	
+ Despesas administrativas	
= CONTRIBUIÇÃO CORPORATIVA	**DESPESAS**
= CUSTO INTEGRAL (PLENO)	**CUSTOS E DESPESAS**

Por sua vez, os gastos (custos e despesas) são "fixos" ou "variáveis" quando se alteram ou não em decorrência do nível de atividade (quantidade produzida ou comercializada) do ofertante.

Além desses, existem os custos e despesas que, por variarem em saltos ou degraus, são considerados semifixos ou semivariáveis. Os gastos com mão de obra de supervisão, energia contratada, manutenção de equipamentos e despesas com informática são exemplos de custos e despesas que podem sofrer variações em saltos em consequência de alterações no nível de produção ou comercialização.

Não obstante, nem todos os custos diretos são variáveis e nem todos os custos indiretos são fixos.[5] O salário do supervisor de produção de um produto específico é um custo direto desse produto e, ao mesmo tempo, um custo fixo, pois não depende da quantidade produzida. Já o óleo consumido por uma caldeira da fábrica é considerado um custo indireto, porém não fixo, pois varia de acordo com o volume de produção.

Mesmo assim, vamos considerar todos os gastos variáveis (custos e despesas) como diretos e todos os gastos fixos (custos e despesas) como indiretos.[6] Da mesma maneira, não levaremos em conta o fato de existirem gastos semifixos. A esse respeito, basta o gestor de preços saber que esses gastos existem e que deverão ser considerados pelo *controller* ou analista de custos que der suporte às decisões de preços.

---

5 HORNGREN; DATAR; RAJAN (2012, p. 34).

6 Kotler e Keller (2018, p. 518), por seu turno, desconsideram a existência de custos diretos e indiretos referindo-se somente a custos fixos e variáveis.

5.4.2 QUANTO AOS AGRUPAMENTOS DE GASTOS

Na apuração de custo e no cálculo do preço de um objeto de venda são utilizados termos que representam agrupamentos de gastos – matéria-prima, material de embalagem, suprimento, insumo, insumo agropecuário, mão de obra e gastos gerais de produção – os quais convém explicar.

O termo "matéria-prima" compreende todo o material básico, principal, essencial, empregado para a geração de um produto. Daí porque é mais empregado na indústria de transformação, seja ela agroindustrial ou não.

Por sua vez, a expressão "material de embalagem", usada para designar o material que acondiciona o produto, abrange três categorias: a embalagem primária (*e.g.*, frasco plástico em contato com o produto), a secundária (*e.g.*, caixa de cartolina em que os frascos são acondicionados) e a terciária (*e.g.*, caixa de papelão corrugado utilizada para transportar as caixas de cartolina).

A palavra "suprimento" refere-se aos bens de qualquer espécie consumidos na execução de uma atividade. Por isso mesmo, incluem-se nessa categoria tanto as matérias-primas como os materiais de embalagem, os materiais secundários, os materiais de conservação e limpeza, os materiais combustíveis e os vários tipos de energia.

Já o termo "insumo", de uso consagrado pelas ciências econômicas, refere-se a todos os bens e serviços necessários para a elaboração e entrega de um produto ou execução de um serviço. São os assim chamados "fatores de produção", que incluem desde os recursos naturais, os materiais, as instalações, as máquinas e ferramentas, a mão de obra e os recursos financeiros, até todo tipo de serviço.[7]

Já a expressão "insumo agropecuário" – ao qual também vamos nos referir apenas como insumo – servirá para designar os insumos biológicos, físicos e químicos, como os genéticos (sementes, sêmen, ovos etc.), os nutricionais (forragem, ração, concentrados, fertilizantes, minerais etc.) e os sanitários (vacinas, medicamentos, desinfetantes, defensivos etc.) que são consumidos na produção rural.[8]

Por "mão de obra" nos fixaremos no custo do pessoal dedicado às atividades de produção, fabricação ou prestação do serviço, seja ele direto (de execução) ou indireto (de supervisão, de manutenção etc.), o que exclui os gastos com pessoal comercial e administrativo presentes nas rubricas "despesas comerciais, ou com vendas indiretas" e "despesas administrativas".

Em contrapartida, os custos resultantes do uso de insumos energéticos (lenha, óleo diesel, carvão, gás natural, bagaço de cana etc.), insumos mecânicos (máquinas, equipamentos, sistemas de irrigação, sistemas de resfriamento e demais) e obras civis

---

[7] Samuelson e Nordhaus (2010, p. 662), em *Economics*, definem fatores de produção (*factors of production*) como "insumos produtivos, como mão de obra, terra e capital; os recursos necessários para produzir bens e serviços; também chamados de insumos". (minha tradução)

[8] Ver *Contabilidade rural* (CREPALDI, 1998, p. 215) e *Sistema de custos* de Santos e Marion (MARION, 1996, p. 63).

e benfeitorias (prédios, galpões, cercas e tanques, entre outros) – estas últimas apropriados por meio de sua depreciação monetária – serão considerados como "gastos gerais de produção".

5.4.3 QUANTO À CONTRIBUIÇÃO CORPORATIVA

Por último, cabem algumas observações a respeito da expressão "contribuição corporativa" que, conforme consta do mesmo Quadro 5.2, se refere ao conjunto de gastos denominado por diferentes autores "despesas periódicas".

A preferência pela expressão "contribuição corporativa" em lugar de "despesas periódicas" se deve ao fato de que nem todos os gastos desse tipo são de natureza periódica. Exemplo disso são as despesas com comissão de venda e as tributárias. O fato gerador dessas despesas é cada venda processada e não o mês ou período em que elas são lançadas, o que denota a imprecisão do termo utilizado.

Conceitualmente, a contribuição corporativa é o resultado do esforço de gestão para a viabilização econômico-financeira do empreendimento do ofertante e difere do esforço de gestão da produção pelo fato de que, enquanto este último busca a otimização das atividades produtivas, aquele se volta para a melhoria do desempenho do negócio como um todo.

Por se tratar de um esforço, a contribuição corporativa pode ser vista tanto sob a ótica do benefício como do dispêndio a que esse esforço dá origem.

Vista como dispêndio, a contribuição corporativa é composta por despesas diretas e indiretas. As despesas diretas constituem-se, principalmente, de impostos sobre o valor de venda, comissões de venda, despesas diretas de entrega, descontos e bonificações sobre o valor de venda e despesas financeiras proporcionais ao prazo de pagamento. Já as despesas indiretas são constituídas pelas despesas não diretas com vendas e entrega, despesas gerais e administrativas e demais despesas financeiras.

Nos registros contábeis, os gastos com a contribuição corporativa são ordinariamente lançados nos grupos "Despesas com Vendas", "Despesas Gerais e Administrativas" e "Despesas Financeiras Líquidas".

5.5 OS OBJETOS DE CUSTEIO

A apuração do custo, do preço e da margem de resultado de um produto, mercadoria ou serviço pode ser beneficiada, também no agronegócio, pela abordagem do custeio por objeto.

Um objeto de custeio é qualquer ente ou processo sobre o qual se pretende identificar o custo ao qual tal objeto dá origem.[9] São exemplos de objeto de custeio um

[9] Horngren, Datar e Rajan (2012, p. 27) definem objeto de custo como qualquer coisa para a qual se deseja uma mensuração de custo.

produto (colheitadeira), um serviço (vacinação), uma atividade (viticultura), uma unidade industrial (usina de beneficiamento), um parceiro rural (agricultor ou criador de animais) e uma operação de venda (pedido de cliente ou exportação).

Na gestão de *pricing* existem três objetos de custeio de grande relevância: a operação de venda, o objeto de venda em si e a contribuição corporativa, sendo que os dois últimos, ao final do custeio, são absorvidos pelo primeiro, como ilustra a Figura 5.1.

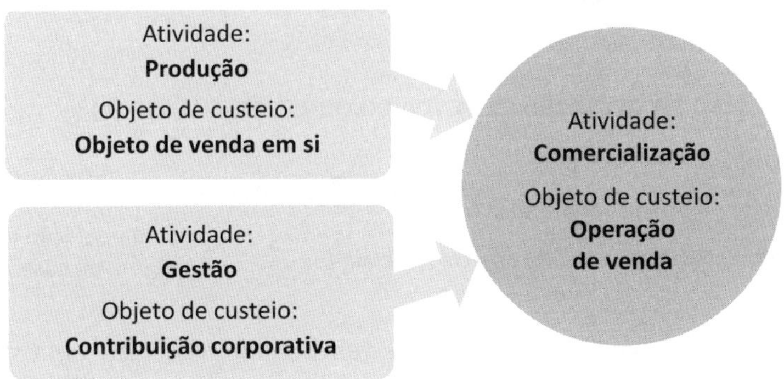

Figura 5.1 – Objetos de custeio do *pricing*.

A relevância desses três objetos se deve ao fato de serem as causas básicas[10] das atividades essenciais (*core activities*) de qualquer ofertante. A operação de venda é a causa básica da atividade de comercialização e rentabilização dos objetos de venda; o objeto de venda em si é a causa básica da produção de um bem, da aquisição de uma mercadoria para revenda ou da execução de um serviço; e a contribuição corporativa é a causa básica das atividades de gestão e viabilização econômico-financeira do empreendimento do ofertante.

Em termos contábeis, o custo do objeto de venda em si corresponde ao custo do produto vendido; a contribuição corporativa, como já vimos, ao valor das despesas com vendas, gerais, administrativas e financeiras,[11] também conhecidas como despesas periódicas; e o custo da operação de venda, ao custo total, integral ou pleno do(s) objeto(s) de venda.

Esta correspondência entre o custo para precificação e o custo contábil, no entanto, é somente parcial, devido a duas diferenças fundamentais. A primeira delas é que a contabilidade lida, com raras exceções (as chamadas provisões), com custos históricos

---

10 O *Guia da Ernst & Young para gestão total dos custos* utiliza o termo "causa raiz" em lugar de "causa básica" (OSTRENGA *et al.*, 1993, p. 132).

11 Wild, Shaw e Chiapetta (2011, p. 738) definem as despesas com vendas, gerais e administrativas como "despesas do período que se referem a gastos melhor identificados com um período de tempo do que com os produtos acabados" e que não fazem parte do custo do produto em si ou custo de manufatura. (minha tradução)

comprovados, portanto, que já ocorreram, enquanto o cálculo do custo para fins de precificação costuma incluir despesas estimadas, ainda não realizadas. A segunda é que a contabilidade está focada, quase inteiramente, no cálculo de receita, despesas, custo e lucro de todo empreendimento, enquanto o *pricing* se ocupa do custo, preço e margem de cada item de venda.

Em seu uso mais frequente, o custo da operação de venda de um objeto de custeio é contraposto ao preço de venda do mesmo objeto para apurar o lucro proporcionado por essa operação, como demonstrado a seguir:

LUCRO DA OPERAÇÃO DE VENDA DO OBJETO DE CUSTEIO (n) =

Preço do objeto de venda (n)

(–) Custo do objeto de venda em si (n)

(–) Contribuição corporativa do objeto de venda (n)

} = Custo da operação de venda do objeto de custeio (n)

A esses objetos de custeio – operação de venda, objeto de venda em si e contribuição corporativa – correspondem vários direcionadores de custo. São eles que explicam a origem e a forma como os gastos que compõem esses objetos são apropriados.

5.5.1 OPERAÇÃO DE VENDA

A operação de venda é o mais importante objeto de custeio. Isso porque é ela – e o conjunto delas – que qualifica o desempenho econômico-financeiro do ofertante.

Do ponto de vista operacional, uma operação de venda é qualquer transação na qual o vendedor se compromete a fornecer um ou mais produtos, mercadorias ou serviços, e sua contraparte, o comprador, a aceitar e pagar por eles mediante as condições nela estabelecidas.

Por esse motivo, o comprovante de uma operação de venda não possui um formato único. Pode consistir tanto em uma nota fiscal como em um cupom fiscal, uma mensagem eletrônica, um pedido impresso, uma ordem de compra ou um contrato de exportação, mas também em outras formas de declaração de intenção ou comprovação do feito.

De praxe, o comprovante ou o contrato de uma operação de venda especifica, ou ao menos deveria especificar, todas as variáveis relevantes da transação a que se refere. Essas especificações, além de darem a segurança necessária para as partes envolvidas, determinam a receita e o custo a que dão causa.

As informações contidas nesse tipo de comprovante, resultado da negociação realizada, são, no mais das vezes, as seguintes:

a. Fornecedor da mercadoria ou prestador do serviço

Define os principais dados do fornecedor do objeto de venda ou do prestador do serviço.

b. Comprador, destinatário ou beneficiário e sua localização geográfica

Define o comprador, destinatário ou beneficiário e o destino do objeto de venda, bem como, dependendo do caso, a incidência de alguns tributos, o custo da entrega e o risco de inadimplência.

c. Natureza da operação

Caracteriza o tipo de operação a que o comprovante se refere, como "venda para o mercado interno", "venda para o mercado externo", "prestação de serviço", "transferência entre unidades operacionais" e "bonificação" e, com isso, alguns dos encargos tributários aos quais a referida operação dá origem.

d. Produto, mercadoria ou serviço

Serve para identificar o objeto de venda transacionado, bem como seu custo de produção, aquisição ou execução e a incidência de alguns tributos. Também define os acréscimos ou decréscimos em seu custo total decorrentes de eventuais customizações, vantagens ou serviços adicionais acordados com o cliente.

e. Quantidade e unidade de medida

Determinam as quantidades e unidades de medida negociadas e, a partir delas, as economias ou deseconomias de escala passíveis de serem obtidas na produção, estocagem e entrega dos referidos objetos de venda.

f. Preço unitário

Especifica o valor do objeto de venda e, junto com a quantidade negociada, as bases para o cálculo dos tributos incidentes sobre o valor de venda, da comissão de venda, da despesa financeira sobre o prazo de pagamento, dos descontos concedidos sobre o preço de venda e a parcela *ad valorem* do frete.

g. Agente de venda

Define o agente de venda e, consequentemente, o percentual de comissão sobre a venda devida ao vendedor com vínculo empregatício, representante comercial, corretor, agente no exterior ou intermediário qualquer.

h. Prazo de pagamento

Estabelece o espaço de tempo durante o qual o fornecedor financia a venda ao cliente, que, junto com o valor da venda e a taxa de juros, determina seu custo financeiro.

i. Desconto no pagamento e retribuição financeira (cashback)

Determina o custo do desconto no pagamento e retribuição financeira concedidos ao cliente na solvência da operação.

j. Condição de entrega

Especifica a responsabilidade pela entrega, o local de entrega, o custo do transporte e outros encargos relacionados à entrega do objeto da venda.

k. Abatimentos e bonificações

Definem o valor dos abatimentos e das bonificações concedidas ao cliente em função de sua fidelidade, volume de compras e exposição do produto aos clientes, entre outras variáveis.

l. Termos de garantia

Estabelecem as condições para que o cliente se beneficie da garantia de qualidade do objeto da venda, assim como as bases para o cálculo do custo dessa garantia.

m. Condições especiais

Especificam as vantagens extras concedidas ao cliente, do tipo verba promocional, atuação de promotores de venda, fornecimento de material de divulgação e patrocínio de eventos

n. Imposto sobre Produtos Industrializados

Informa, tratando-se de atividade industrial, a alíquota e o valor do IPI incidente sobre cada produto, o qual é destacado de seu preço pelo fato de o fabricante ser dele mero depositário[12] e, a depender da operação, constituir-se de um crédito tributário do comprador.

Além disso, convém lembrar que qualquer uma dessas informações, não só o preço, pode ser tanto decisiva para o sucesso da operação em curso como afetar os termos de futuras negociações.[13]

---

12 IUDÍCIBUS *et al.* (2010, p. 486).

13 MORRIS; MORRIS (1992, p. 75).

Ilustrando esse tipo de custeio, a Tabela 5.1 expõe o resumo da apuração do custo e do lucro de uma operação de venda celebrada entre uma vinícola (ofertante) e uma rede de supermercados (comprador). Dele também constam as bases de cálculo, os direcionadores de custo e receita e os fatores de alocação utilizados.

Tabela 5.1 – Custeio de uma operação de venda

VINHO ESPUMANTE, 50 CAIXAS DE 6 × 750 ML, CIF				
Espécie	**Base de cálculo**	**Direcionador**	**Fator de alocação**	**Valor total R$**
Receita da venda	preço de venda	volume de caixas	R$ 150,00	7.500,00
Custo do produto em si	custo unitário	volume de caixas	R$ 80,00	4.000,00
Contribuição corporativa	despesas diretas e indiretas	% sobre a receita	37%	2.775,00
Lucro líquido	lucro unitário	volume de caixas	R$ 14,50	725,00

5.5.2 OBJETO DE VENDA EM SI

O segundo objeto de custeio de relevância para o gestor de *pricing* é o objeto de venda em si.

O objeto de venda em si é o bem ou serviço identificado por seus atributos intrínsecos, independentemente de seus atributos extrínsecos e dos encargos de gestão aos quais ele está sujeito.

Por assim ser, somente são apropriados a esse objeto seus custos de produção (atividade rural), fabricação (atividade industrial), aquisição (atividade comercial) ou execução (prestação de serviços).

Compondo o custo do objeto de venda em si existem custos diretos e indiretos. Os custos diretos das atividades rural e industrial são constituídos pelo custo da matéria-prima ou insumos agropecuários, do material de embalagem e da mão de obra direta. Já os custos indiretos (*overhead* de produção) são compostos pelo custo da mão de obra indireta e pelos gastos gerais de produção (ver Quadro 5.2).

Quanto aos custos diretos das atividades de revenda, eles são constituídos pelo custo da mercadoria adquirida mais o custo de sua entrega pelo fornecedor, menos os créditos tributários a que essa compra dá direito. E como custos indiretos dessa atividade poderão existir gastos com armazenagem, conservação e manuseio dessas mesmas mercadorias.

Por sua vez, os custos diretos dos serviços prestados são compostos pelo custo da mão de obra direta e dos materiais aplicados na execução desses serviços. Como seus custos indiretos devem ser considerados os gastos gerais implicados nessa execução.

Nas apurações de natureza contábil, o resultado da apuração do custo do objeto de venda em si será o custo do produto, mercadoria ou serviço vendido – CPV ou CPMSV –, também denominado custo inventariável ou que pode ser lançado como estoque do ofertante.[14] Porém, quando forem utilizados parâmetros de apuração não contábeis, a exemplo do custo previsto, do custo padrão e do custo de reposição, o resultado obtido será um custo de natureza gerencial que, a despeito de sua importância para a tomada de decisão, não tem valor contábil-fiscal.

O Quadro 5.3 relaciona as espécies de custo de produção ou fabricação que compõem o custo do objeto de venda em si, junto com parâmetros de custeio (critérios de alocação, bases de cálculo e direcionadores de custo) mais frequentemente utilizados em sua apuração.

Quadro 5.3 – Parâmetros de custeio do objeto de venda em si

Espécie	Critério de alocação	Base de cálculo	Direcionador
Matéria-prima (insumos)	Composição do produto	Custo unitário do material	Quantidade de material
Material de embalagem	Composição da embalagem	Custo unitário do material	Quantidade de material
Mão de obra direta (MOD)	Mão de obra direta aplicada	Custo da hora-homem	Número de horas-homem
Mão de obra indireta (MOI)	Produtividade da MOI	Montante da MOI	Fator de alocação da MOI
Gatos gerais de produção (GGP)	Produtividade dos GGP	Montante dos GGP	Fator de alocação dos GGP

Tecnicamente considerados, esses parâmetros significam o seguinte:

a. Matérias-primas (insumos)

A alocação desse custo é feita com base na quantidade e no custo unitário dos materiais aplicados ou a aplicar em uma unidade de produto, já deduzidos os créditos tributários que dá direito proporcionais ao valor da matéria-prima empregada.

[14] Ver a esse respeito *Manual de contabilidade societária* (IUDÍCIBUS *et al.*, 2010, p. 72-94).

b. Material de embalagem

Esta espécie de custo é alocada, de idêntica maneira, em função da quantidade e do custo unitário dos materiais aplicados ou a aplicar em uma unidade de produto, também já deduzidos os créditos tributários proporcionais ao valor do referido material.

c. Mão de obra direta

Sua alocação é feita levando em conta a quantidade e o custo da hora da mão de obra direta empregada, ou a empregar, na elaboração de uma unidade do produto.

d. Mão de obra indireta

A alocação deste custo considera o gasto com mão de obra indireta aplicada ou a aplicar em cada atividade produtiva e a quantidade produzida ou a produzir na mesma atividade, apropriado por um fator de mão de obra indireta por item de produto.

e. Gastos gerais de produção

A alocação deste custo é feita com base nos gastos incorridos ou a incorrer e na quantidade produzida ou a produzir de cada atividade, apropriados por um fator de gastos gerais de produção por unidade de produto.

Quanto à participação das diferentes espécies de gasto no custo do objeto de venda em si, a prática tem demonstrado que ela pode variar bastante em função do tipo de produto, do processo de transformação utilizado e das perdas existentes.

Mesmo assim, tomando como referência os produtos que são manufaturados, de acordo com Wild, Shaw e Chiappetta, neles é comum a incidência de 45% de material direto, 15% de mão de obra direta e 40% de gastos gerais de produção sobre seu custo total, pleno ou integral, conforme retrata a Figura 5.2.

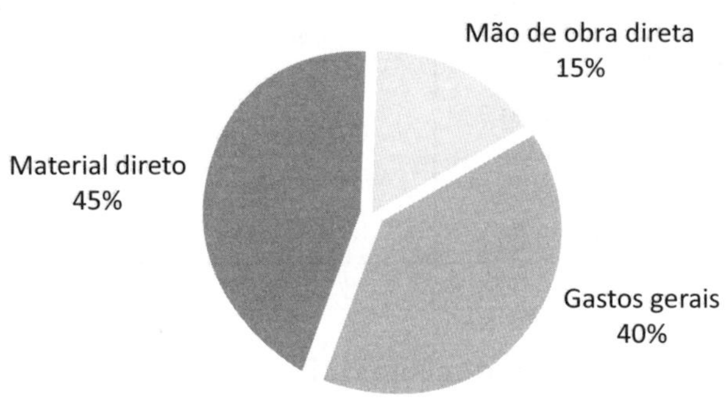

Figura 5.2 – Distribuição típica do custo de manufatura.

Fonte: *Fundamental accounting principles* (WILD; SHAW; CHIAPETTA, 2011, p. 742).

5.5.3 CONTRIBUIÇÃO CORPORATIVA

A contribuição corporativa é o terceiro objeto de custeio de grande significância para o gestor de *pricing*.

Como já visto, a contribuição corporativa constitui-se do esforço de gestão para viabilização e rentabilização do empreendimento e, sob o ponto de vista dos dispêndios aos quais dá origem, é composta por despesas diretas e indiretas.

Na alocação da contribuição corporativa ao objeto de venda são utilizados cinco procedimentos alternativos: o custeio direto, o custeio por absorção, o custeio ABC, o *markup* e a margem de contribuição (ou contribuição marginal).

O Quadro 5.4 dispõe sobre esses procedimentos, detalhando a composição dos valores alocados, seus critérios de alocação e respectivos direcionadores.

Quadro 5.4 – Procedimentos de custeio da contribuição corporativa

Procedimento	Composição do valor alocado	Critério de alocação	Direcionador
Custeio direto	Despesas diretas (comerciais, de entrega, tributárias e financeiras)	Incidência s/preço ou R$ p/unidade de venda	% sobre o preço de venda ou volume de operação
Custeio por absorção	Despesas indiretas (comerciais, de entrega, administrativa e financeiras)	% despesas/receita ou despesas/volume operado	% sobre o preço de venda ou volume de operação
Custeio ABC	Despesas indiretas (comerciais, de entrega, administrativa e financeiras)	Despesas de cada atividade	Fator de alocação por unidade de venda
Markup	Despesas diretas, despesas indiretas e margem de lucro	Despesas + margem/ receita total	Multiplicador/divisor sobre o custo unitário direto
Margem de contribuição	Custos e despesas despesas indiretas, despesas diretas e margem de lucro	Custos indiretos + despesas + margem/ receita total	Multiplicador/divisor sobre o custo unitário direto

A escolha de qual desses procedimentos utilizar vai depender do tipo de dispêndio e dos propósitos da alocação, exigindo, por isso mesmo, que o gestor de preços tenha em mente as seguintes particularidades:

a. Custeio direto

No custeio direto as despesas diretas (comerciais, de entrega, tributárias e financeiras) são alocadas ao objeto de venda de acordo com o critério de alocação e o direcionador de cada tipo de despesa. Por exemplo, a comissão de venda é alocada levando em conta o seu percentual de incidência e o valor da venda.

b. Custeio por absorção

O custeio por absorção é utilizado para alocar as despesas indiretas ao objeto de venda considerando, na maior parte das vezes, um único direcionador de despesa de largo espectro, a exemplo da receita auferida ou da quantidade vendida.

c. Custeio ABC

O custeio ABC também é usado para alocar as despesas indiretas. Nesse caso, porém, cada tipo de despesa é apropriado com base em um direcionador específico relacionado à atividade realizada, como o número de faturas emitidas, a quantidade de entregas efetuadas e o montante de horas aplicadas, a depender do gasto a que se referir.

d. *Markup*

O *markup* é um procedimento de custeio e precificação que prevê a aplicação de um multiplicador ou divisor sobre o custo do objeto de venda em si para apurar o valor a ser apropriado ou o preço a ser praticado. Por essa razão, ele inclui tanto as despesas diretas e indiretas como a margem de lucro.

e. Margem de contribuição

No procedimento de custeio e precificação denominado margem de contribuição (ou contribuição marginal), a contribuição corporativa (despesas diretas e indiretas) costuma ser alocada ao custo unitário junto com os custos indiretos de produção (*overhead* de produção) e a margem de rentabilidade. Isto é feito com a aplicação de uma ou algumas poucas constantes (multiplicadores ou divisores) sobre o custo unitário direto de produção, de aquisição ou de execução do objeto de venda.

5.6 AS VARIANTES DO CUSTO

Como se pode concluir das várias colocações feitas a respeito do cálculo do custo de um objeto de venda, não existe um jeito único ou uma forma ideal para apurar o custo unitário.

São muitas as alternativas de custeio existentes, cada uma delas atendendo a necessidades particulares de custeio e precificação. Enquanto para um ofertante convém utilizar o custeio por absorção, o custo efetivo ou o custo médio, para outro pode convir o uso do custeio ABC, do custo-meta ou do custo padrão.

Em que pesem as inúmeras possibilidades de custeio existentes, optamos por abordar somente aquelas que julgamos atender às necessidades de informação do gestor de *pricing*,[15] as quais se encontram esquematizadas no Quadro 5.5.

Quadro 5.5 – Variantes do custo do objeto de venda

Base de cálculo do preço	Quanto ao método de alocação			Quanto à natureza do custo base				Quanto à valoração dos insumos			
Custo pleno ou integral	Custeio direto	Custeio por absorção	Custeio ABC	Custo efetivo	Custo padrão	Custo orçado	Custo-meta	Custo médio	Custo mais recente	Custo de reposição	Custo arbitrado
Custo do produto vendido											
Custo base do *markup*											
Custo base da margem de contribuição											

Como exposto, essas variantes são resultado do uso de quatro tipos de parâmetros: (a) a base de cálculo do preço; (b) o método de alocação do custo; (c) a natureza do custo base; e (d) o critério de valoração dos insumos ou produtos utilizados.

As bases de cálculo do preço são o custo integral ou pleno, o custo do produto vendido ou custo do objeto de venda em si, o custo base do *markup* e o custo base da margem de contribuição. Os métodos de alocação do custo são o custeio direto, o custeio por absorção e o custeio ABC.[16] As naturezas do custo base são o custo efetivo, o custo padrão,[17] o custo orçado e o custo-meta. E os critérios de valoração dos insumos ou produtos que compõem o objeto de venda são o custo médio, o custo mais recente, o custo de reposição e o custo arbitrado.[18]

5.6.1 BASES DE CÁLCULO DO PREÇO

As bases de cálculo do preço são o ponto de partida para o estabelecimento do preço de venda ou apuração da margem proporcionada por um determinado preço.

---

15 Horngren, Foster e Datar (2000) fazem também referência a custos normalizados, custos discricionários, custos comprometidos, custo de reposição ao valor presente e gastos inativos, dos quais não trataremos por considerá-los irrelevantes para os propósitos desta obra.

16 Bertó e Buelke (2013, p. 41), em *Gestão de custos*, denominam estes três métodos de "sistemas de custeio".

17 BERTÓ; BUELKE (2013, p. 263-279).

18 Ver *Custos e formação de preços* (BOMFIM; PASSARELLI, 2008, p. 91-100).

Como mencionado, as bases de cálculo de interesse de um gestor de *pricing* são o custo integral, o custo do produto vendido, o custo base do *markup* e o custo base da margem de contribuição.

Vejamos, então, cada uma delas.

5.6.1.1 Custo integral

Custo integral ou pleno de um produto, mercadoria ou serviço é o somatório dos gastos realizados ou a realizar, neles incluídas as despesas de comercialização e gestão que competem ao objeto de venda considerado.

O custo integral unitário mais a margem de lucro unitária perfaz o preço de venda, como demonstra a Tabela 5.2, que trata do custo e preço de uma ração pet.

Tabela 5.2 – Composição do custo integral e do preço de venda

RAÇÃO PET, SACO DE 1 KG		
Espécie	**Critério de cálculo**	**Valor unitário R$/kg**
+ Matéria-prima	custo da fórmula do produto	1,410
+ Material de embalagem	saco plást. flexível, fardo plástico	0,070
=- Créditos tributários sobre materiais	24% sobre preço dos materiais	-0,355
+ Mão de obra direta	560 kg/hora/homem	0,286
+ Gastos gerais de produção	340 kg/hora/máquina	0,179
= CUSTO DE PRODUÇÃO	**custos diretos e indiretos**	**1,590**
+ Despesas comerciais	9% sobre preço sem IPI	0,462
+ Despesas tributárias	42% sobre preço sem IPI	2,154
+ Despesas administrativas	5% sobre preço sem IPI	0,256
+ Despesas financeiras	3% sobre preço sem IPI	0,154
= CUSTO INTEGRAL	**custos + despesas**	**4,616**
+ Margem de lucro	10% sobre preço sem IPI	0,513
= PREÇO DE VENDA sem IPI	custos + despesas + lucro	5,129
+ Imposto sobre Produtos Industrializados	10% sobre preço sem IPI	0,513
= PREÇO DE VENDA com IPI	custos + despesas + lucro + imposto	5,642

Neste quadro, o custo de produção ou custo do objeto de venda em si (ração pet, saco de 1 kg) de R$ 1,590 é composto por matéria-prima e material de embalagem (menos os créditos tributários a que deu direito), mais a mão de obra direta e os gastos gerais de produção nele empregados.

Por sua vez, suas despesas corporativas ou periódicas de R$ 3,026 incluem as despesas diretas e indiretas comerciais, tributárias (com exceção do Imposto sobre Produtos Industrializados - IPI), administrativas e financeiras.

O custo de produção da ração mais a contribuição corporativa (despesas periódicas) que lhe competem resultam no seu custo integral de R$ 4,616. Este custo, somado à margem de lucro desejada, dá origem ao seu preço de venda sem IPI de R$ 5,129 e a seu preço de venda com IPI de R$ 5,642.

5.6.1.2 Custo do produto vendido

O custo do produto, mercadoria ou serviço vendido vem a ser o custo unitário de produção de um bem, aquisição de uma mercadoria ou execução de um serviço destinado à venda (custo do objeto de venda em si), portanto sem nele incluir as despesas diretas e indiretas (contribuição corporativa) às quais sua venda dá origem.

Os principais usos do custo do produto vendido - também conhecido como CPV ou CPMSV (custo dos produtos, mercadorias e serviços vendidos) - são calcular o preço de venda, apurar a margem de rentabilidade bruta e decidir entre fazer ou comprar o objeto da venda.

De hábito, o custo do produto vendido é apurado com base no custo médio ponderado dos bens produzidos ou em estoque. Contudo, existem outros procedimentos que podem ser usados para esse fim, como o custo UEPS (o último que entra é o primeiro que sai), o custo PEPS (o primeiro que entra é o primeiro que sai) e o preço específico.[19]

Uma vez que a apuração do CPV tenha respeitado as regras contábeis-fiscais em vigor,[20] ele pode ser usado tanto para os lançamentos de estoque como para as demonstrações patrimoniais e apuração do resultado oficial do empreendimento.

5.6.1.3 Custo base do *markup*

Custo base do *markup* é o somatório dos custos que serve de base para a aplicação do *markup*. O *markup*, por sua vez, é definido como o valor a ser adicionado ao custo

---

19 IUDÍCIBUS *et al.* (2010, p. 78).

20 O International Financial Reporting Standards (IFRS), por exemplo, não permite o uso do método UEP (HORNGREN; DATAR; RAJAN, 2012, p. 606).

unitário do objeto de venda para determinar seu preço.[21] Ou, visto por outro ângulo, a diferença entre o preço de venda e seu custo base.

Usualmente, o valor utilizado como custo base do *markup* é o custo de produção, de aquisição ou de execução do produto, mercadoria ou serviço vendido, não importando o método de alocação, natureza do custo base ou critério de valoração utilizados, como apresenta a Tabela 5.3:

Tabela 5.3 – Cálculo do *markup* sobre o custo de produção

RAÇÃO PET, SACO DE 1 KG		
Espécie	**Critério de cálculo**	**Valor unitário R$/kg**
+ Matéria-prima	custo da fórmula do produto	1,410
+ Material de embalagem	saco plást. flexível, fardo plástico	0,070
– Créditos tributários sobre materiais	24% sobre preço de aquisição	-0,355
+ Mão de obra direta	560 kg/h/homem	0,286
+ Gastos gerais de produção	340 kg/h/máquina	0,179
= CUSTO DE PRODUÇÃO	**CUSTO BASE DO *MARKUP***	**1,590**
+ Despesas comerciais		
+ Despesas tributárias		
+ Despesas administrativas	*MARKUP* = 230% (multiplicador)	3,657
+ Despesas financeiras		
+ Margem de lucro		
= PREÇO DE VENDA sem IPI	330% do custo base do *markup*	5,246
+ Imposto sobre Produtos Industrializados	10% sobre preço de venda sem IPI	0,525
= PREÇO DE VENDA com IPI	custo base + markup + imposto	5,771

Conforme exposto, neste exemplo o custo base do *markup* de R$ 1,590 é composto pela soma da matéria-prima mais o material de embalagem, menos os créditos tribu-

[21] Kotler e Keller (2018, p. 522) se referem ao *markup* como o método de precificação mais elementar e que adiciona uma taxa ou margem ao custo do produto.

tários aos quais esses materiais deram origem, mais a mão de obra direta e mais os gastos gerais de produção aplicados ao produto em questão.

Por sua vez, o *markup* de 230% adicionado a este mesmo custo cobre a contribuição corporativa (despesas comerciais, tributárias, administrativas e financeiras) e a margem de lucro do mesmo produto. Já o IPI de 10%, a exemplo do ocorrido no uso do custo integral, é destacado na penúltima linha do demonstrativo.

As exceções existentes a essa regra ficam por conta daqueles que utilizam como custo base do *markup* apenas o custo dos materiais diretos ou o custo direto de produção (materiais diretos + mão de obra direta). Nestes casos, como veremos, o *markup* se confunde com a contribuição marginal.

Para que o índice de *markup* apure o preço de venda em lugar do valor a ser adicionado ao custo base, basta acrescentar 100% ao multiplicador que expressa o acréscimo desejado. No exemplo dado, o índice que determina o preço de venda passaria, então, de 230% para 330%.

Deve-se considerar, também, que o *markup* pode ser usado tanto no formato de um multiplicador como de um divisor.[22] Assim, neste mesmo exemplo o multiplicador 330% se transformaria no divisor 0,303, aproximadamente.

5.6.1.4 Custo base da margem de contribuição

O custo base da margem de contribuição ou contribuição marginal é o somatório dos custos diretos e despesas diretas do objeto de venda.

Já a margem de contribuição do objeto de venda é o valor absoluto ou relativo adicionado a esse custo base para cobertura dos custos indiretos (*overhead* de produção), despesas indiretas (*overhead* corporativo) e margem de lucro deste mesmo objeto,[23] como demonstra o Quadro 5.6.

---

22 COELHO (2009, p. 66).

23 Ver *Custos: planejamento, implantação e controle* (LEONE, 2000, p. 380) e *Contabilidade de custos* (MARTINS, 2008, p. 179).

Quadro 5.6 – Composição do custo base da margem de contribuição

Espécie	Classificação
+ Matéria-prima	custos diretos
+ Material de embalagem	
- Crédito tributários sobre materiais	
+ Mão de obra de produção direta	
+ Despesas comerciais diretas	despesas diretas
+ Despesas tributárias diretas	
+ Despesas financeiras diretas	
= CUSTOS E DESPESAS DIRETAS	**CUSTO BASE DA MARGEM DE CONTRIBUIÇÃO**
+ Mão de obra de produção indireta	custos indiretos
+ Gastos gerais de produção	
+ Despesas comerciais indiretas	despesas indiretas
+ Despesas financeiras indiretas	
+ Despesas administrativas	
+ Margem de lucro	margem de rentabilidade líquida
= CUSTOS E DESPESAS INDIRETAS + LUCRO	**MARGEM DE CONTRIBUIÇÃO**

Melhor detalhando, os custos diretos do custo base da margem de contribuição são constituídos por matéria-prima e material de embalagem (menos seus créditos tributários) mais a mão de obra direta de produção. As despesas diretas são compostas por despesas comerciais e de transporte diretas (*e.g.*, comissão sobre a venda), despesas tributárias diretas (*e.g.*, ICMS) e despesas financeiras diretas (*e.g.*, encargos financeiros proporcionais ao prazo de pagamento da venda). Os custos indiretos, por mão de obra indireta de produção (*e.g.*, custo de supervisão) e por gastos gerais de produção (*e.g.*, despesas de manutenção). E as despesas indiretas, por despesas comerciais indiretas (*e.g.*, publicidade institucional), despesas financeiras indiretas (*e.g.*, juros de empréstimos) e despesas administrativas (*e.g.*, remuneração da diretoria).

O modelo teórico é este. Contudo, especialmente no caso de produtos industrializados, deve-se levar em conta que o custo direto de um produto é o custo dos materiais e da mão de obra direta, portanto um valor absoluto (em reais ou dólares, por exemplo). Já as despesas diretas e a margem de lucro costumam ser representados por percentuais sobre o valor de venda – como é o caso do ICMS, PIS, Cofins, comissão de venda e da despesa financeira proporcional ao prazo de pagamento.

Ocorre que os custos e as despesas indiretas também podem ser representados por um percentual sobre a receita. Isto faz com que, para determinar a margem de contribuição a ser aplicada sobre o custo base, o percentual das despesas diretas possa ser somado ao percentual dos custos indiretos, ao percentual das despesas indiretas e ao percentual da margem de lucro, como explicita o cálculo do preço da ração pet apresentado na Tabela 5.4.

Tabela 5.4 – Cálculo da margem de contribuição sobre o custo direto de produção

RAÇÃO PET, SACO DE 1 KG		
Espécie	**Critério de cálculo**	**Valor unitário R$/kg**
+ Matéria-prima	custo da formulação do produto	1,410
+ Material de embalagem	saco plástico flexível, fardo plástico	0,070
- Créditos tributários sobre materiais	24% sobre preço dos materiais	-0,355
+ Mão de obra de produção direta	450 kg/hora/homem	0,233
= CUSTO DIRETO DE PRODUÇÃO	**CUSTO BASE DA MARGEM DE CONTRIBUIÇÃO**	**1,358**
+ Mão de obra de produção indireta		
+ Gastos gerais de produção		
+ Despesas comerciais diretas		
+ Despesas tributárias diretas		
+ Despesas financeiras diretas	MARGEM DE CONTRIBUIÇÃO = 290% (multiplicador)	3,938
+ Despesas comerciais indiretas		
+ Despesas financeiras indiretas		
+ Despesas administrativas		
+ Margem de lucro		
= PREÇO DE VENDA LÍQUIDO	390% do custo base da margem de contribuição	**5,296**
+ Imposto sobre Produtos Industrializados	10% sobre o preço de venda líquido	0,530
= PREÇO DE VENDA BRUTO	custo base + margem de contribuição + Imposto sobre Produtos Industrializados	5,826

Ademais, os custos indiretos de produção (mão de obra indireta e gastos gerais) podem ser apropriados em razão da quantidade produzida ou dos insumos consumidos. Nesse caso, eles se transformam em um valor absoluto por unidade de produto que deve ser somado ao custo direto unitário para compor a base para aplicação da margem de contribuição, a exemplo do exposto na Tabela 5.5.

Tabela 5.5 – Cálculo da margem de contribuição sobre o custo total de produção

RAÇÃO PET, SACO DE 1 KG		
Espécie	**Critério de cálculo**	**Valor unitário R$/kg**
+ Matéria-prima	custo da fórmula do produto	1,410
+ Material de embalagem	saco plást. flexível, fardo plástico	0,070
- Crédito tributário sobre materiais	24% sobre preço dos materiais	-0,355
+ Mão de obra de produção direta	450 kg/hora/homem	0,233
+ Mão de obra de produção indireta	110 kg/hora/homem	0,053
+ Gastos gerais de produção	340 kg/hora/máquina	0,179
= CUSTO DE PRODUÇÃO	**CUSTO BASE DA MARGEM DE CONTRIBUIÇÃO**	**1,590**
+ Despesas comerciais diretas + Despesas tributárias diretas + Despesas financeiras diretas + Despesas comerciais indiretas + Despesas financeiras indiretas + Despesas administrativas + Margem de lucro	MARGEM DE CONTRIBUIÇÃO = 233% (multiplicador)	3,705
= PREÇO DE VENDA LÍQUIDO	333% do custo base da margem de contribuição	5,295
+ Imposto sobre Produtos Industrializados	10% sobre o preço de venda sem IPI	0,530
= PREÇO DE VENDA BRUTO	custo base + margem de contribuição + Imposto sobre Produtos Industrializados	5,825

Adotando-se essa prática, o custo base para aplicação da margem de contribuição passa a ser igual ao custo do produto em si, hipótese esta já aventada anteriormente.

5.6.2 MÉTODOS DE APROPRIAÇÃO DO CUSTO

Existem vários métodos para apropriar o custo de um objeto de venda. Cada um desses métodos tende a gerar um resultado diferente, impactando no preço a ser cobrado e na margem de lucro a ser apurada. Daí a importância de o gestor de preços ter conhecimento da lógica inerente a cada um desses métodos.

A despeito dessa pluralidade metodológica, em nossa abordagem vamos nos referir somente a três métodos,[24] justamente os mais conhecidos: o custeio direto, o custeio por absorção e o custeio ABC (*Activity Based Costing*), conforme ilustra a Figura 5.3.

Figura 5.3 – Métodos de apropriação do custo ao objeto de venda.

5.6.2.1 Custeio direto

O custeio direto é o método que apropria o gasto realizado, ou a realizar, de forma diretamente proporcional ao bem ou serviço que lhe dá origem.

Em outras palavras, o custeio direto aloca o custo dos materiais e serviços consumidos direta e proporcionalmente ao objeto de venda, sem usar qualquer artifício de cálculo. Por exemplo, se um produto é acondicionado em um pote plástico que custa R$ 0,05, este é o valor que é alocado ao custo unitário deste produto.

O custeio direto é o método mais preciso e, por isso mesmo, preferível aos demais. Porém ele só é aplicável quando existir o nexo causal direto entre a parcela de gasto incorrido e o produto ou serviço gerado.

---

[24] Entre os métodos de custeio que não abordaremos estão o RKW, abreviatura de *Reichkuratorium fur Wirtschaftlichtkeit* (IUDÍCIBUS *et al.*, 2010, p. 505) e o método UP ou UEP, abreviaturas de Unidade de Esforço de Produção (ALLORA; ALLORA, 1995).

Por isso mesmo a necessidade dos outros dois métodos: o custeio por absorção e o custeio ABC.

5.6.2.2 Custeio por absorção

O custeio por absorção, por sua vez, serve para alocar os custos e despesas indiretas (*overhead* de produção e *overhead* corporativo).

Para tanto, ele se vale de um ou alguns poucos parâmetros genéricos de apropriação do tipo receita gerada, quantidade produzida, quantidade comercializada, horas homem empregadas e horas máquina utilizadas.

Desse modo, ao eleger o gasto com energia elétrica de uma planta industrial como custo indireto a ser apropriado a uma família de produtos, o custeio por absorção irá alocá-lo proporcionalmente a um desses parâmetros genéricos (por exemplo, à quantidade produzida no mês), sem levar em conta o consumo efetivo em quilowatts-hora (kWh) para produzir cada item em particular.

5.6.2.3 Custeio ABC

Já o custeio ABC, utilizando parâmetros mais específicos denominados direcionadores de custo, é o método que atua no sentido de aproximar a alocação dos custos e despesas indiretas do método de custeio direto.[25]

Exemplificando, no mesmo caso do gasto com energia elétrica, o custeio ABC poderia utilizar os direcionadores "tempos de cada operação", "potência elétrica do equipamento empregado" e "custo do kWh" para determinar o valor da energia elétrica a ser absorvida por cada item fabricado. Dessa maneira, além de promover uma alocação mais precisa do gasto incorrido, possibilitaria a identificação das operações que não agregam valor suficiente ao produto e que talvez convenha alterar ou suprimir.[26]

A despeito de suas virtudes, existem três situações em que o custeio ABC não é aplicável. A primeira delas, já citada, ocorre quando não existe uma forma de estabelecer uma relação direta entre o gasto incorrido e o produto ou serviço gerado. Um bom exemplo disso são os honorários da diretoria, pois não há como determinar quanto do esforço de cada diretor é dedicado a cada objeto de venda.

A segunda situação de sua inaplicabilidade ocorre nos casos em que o esforço para determinar a relação existente entre o gasto incorrido e o benefício gerado se mostra economicamente inviável. Isto é, quando for por demais dispendioso ou por demais demorado segregar, direcionar e acumular as parcelas de custo que compe-

---

25 COOPER; KAPLAN (1988).

26 Ver a esse respeito o capítulo "Custo baseado na atividade e gerenciamento do overhead" (SAKURAI, 1997, p. 92-126).

tem a cada objeto de custeio. Scramim e Batalha, ao detalhar a aplicação do custeio ABC em uma indústria de laticínios, corroborando tal dificuldade, reconhecem que, por exigir uma quantidade excessiva de informações, em certas aplicações o método pode se mostrar inviável.[27]

E a terceira situação em que o custeio ABC não é aplicável se refere à alocação das despesas indiretas ao custo unitário do objeto de venda para seu uso como informação contábil-fiscal, o que não é aceito pela legislação pertinente.[28]

5.6.3 NATUREZA DO CUSTO

A natureza do custo de um objeto de venda decorre do critério de aferição que é utilizado. São estes critérios que definem suas diferentes espécies: o custo efetivo, o custo padrão, o custo orçado e o custo-meta.

5.6.3.1 Custo efetivo

Custo efetivo é o custo incorrido para a produção e comercialização de um objeto de venda cuja veracidade é comprovada pelos eventos operacionais e econômicos aos quais dá origem.

5.6.3.2 Custo padrão

Custo padrão, ou custo *standard*, é o custo que leva em conta o gasto ideal ou mais provável para produção, aquisição, execução e comercialização do objeto da venda e gestão do empreendimento do qual ele faz parte.

O custo padrão pode ser utilizado tanto no cálculo do custo base do *markup* e da margem de contribuição como no cálculo do custo integral. Se utilizado para fins contábeis (custo do produto vendido), deve vir acompanhado de lançamentos complementares que correspondam à diferença entre o custo padrão e o custo efetivo.[29]

Uma das vantagens do uso do custo padrão é que ele funciona como uma medida de eficiência operacional. Um custo efetivo superior ao custo padrão indica a existência de ineficiências; um custo efetivo inferior ao custo padrão indica um nível de eficiência superior ao previsto; e a reincidência dessas diferenças ao longo do tempo, a necessidade de ajuste do custo padrão que vem sendo utilizado.[30]

---

[27] Ver "Gestão de custos agroindustriais", de Scramim e Batalha (BATALHA, 2016, p. 479-494).

[28] IUDÍCIBUS *et al.* (2010, p. 506).

[29] IUDÍCIBUS *et al.* (2010, p. 85).

[30] Ver "Custos e formação de preços" (BORNIA, 2009, p. 76-87) e *Custo & desempenho* (KAPLAN; COOPER, 1998, p. 41-48).

Outra vantagem do emprego do custo padrão, e que em alguns casos pode se transformar em desvantagem, é que ele impede a transferência imediata para o custo unitário tanto das oscilações do preço dos insumos como das variações da eficiência operacional do ofertante.

Via de regra, o custo padrão tem se mostrado especialmente útil na elaboração de orçamentos operacionais anuais ou plurianuais.[31]

Por último, cabe lembrar que, em que pesem os benefícios mencionados, o uso do custo padrão só é indicado para produtos padronizados, em mercados com baixos índices de inflação e cujos insumos não estejam sujeitos a bruscas e frequentes alterações de preços.

5.6.3.3 Custo orçado

Custo orçado, na gestão de *pricing*, é o custo unitário apurado com base nos gastos estimados para o fornecimento de um bem ou serviço.

O custo orçado pode ser considerado uma antítese do custo padrão. Isto porque, em lugar de lançar mão do custo ideal ou mais provável, como faz o custo padrão, ele leva em conta o custo atualizado dos materiais e serviços a serem aplicados e as consequências operacionais (*trade-offs*) do volume e das customizações solicitadas pelo cliente.[32]

Entre essas consequências operacionais destacam-se as alterações provocadas no nível de atividade (quantidade produzida e comercializada) e na eficiência operacional (rendimento dos materiais, energia, horas homem e horas máquina empregadas) do ofertante.

Por sua natureza, o custo orçado é mais indicado para a precificação de encomendas ditas "personalizadas" (*tailor-made*). São exemplos desse tipo de encomenda: os móveis residenciais sob medida; a instalação de equipamentos customizados de processamento e embalagem automatizada de leite longa vida; e a coxa de frango desossada congelada Kakugiri padrão 30-35 g para o mercado externo.

5.6.3.4 Custo-meta

Custo-meta é o custo unitário pleno ou do objeto de venda em si resultante da aplicação do cálculo reverso no preço praticado pelo mercado.

---

31 Segundo Horngren, Foster e Datar (2000, p. 159), o custo padrão é usado nos Estados Unidos, Canadá, Japão e Grã-Bretanha para gerenciamento de custos, precificação, orçamentação e relatórios financeiros.

32 Em termos contábeis-fiscais, o conceito de "custo orçado" encontra-se próximo ao de "custo a preço específico" (IUDÍCIBUS *et al.*, 2010, p. 78).

No caso de um fabricante ou distribuidor-atacadista, esse cálculo é feito deduzindo-se do preço ao consumidor o *markup* aplicado pelo varejista e o lucro pretendido pelo próprio fabricante ou distribuidor-atacadista e, quando for o caso, a contribuição corporativa do próprio ofertante, como resume a Figura 5.4.

Preço ao consumidor (–) *Markup* do varejista (–) Lucro do fabricante (=) Custo-meta pleno (–) Contribuição corporativa (=) Custo-meta de produção

Figura 5.4 – Apuração do custo-meta de um fabricante.

Fonte: adaptada de Sakurai (1997, p. 49-64).

O valor resultante desse cálculo, na hipótese do ofertante ser um fabricante, é o custo-meta que torna a produção e comercialização do objeto da venda economicamente viável.

De acordo com Sakurai, conhecidas empresas japonesas utilizam o custo-meta para (a) aumentar a eficiência fabril (Dahiatsu); (b) reduzir custos variáveis (Isuzu); (c) desenvolver produtos de qualidade com baixo custo (Canon); (d) reduzir custos e aperfeiçoar o design (Fanuc); e (e) atingir o lucro pretendido (Fuji Xerox e Nissan).[33]

Vale ainda lembrar que, nas empresas que o empregam, o custo-meta tem exigido um grande esforço de ruptura dos procedimentos convencionais. Esse esforço, que tem início nas atividades de pesquisa e projeto do objeto de venda, perpassa todos os processos de manufatura e pode se estender até as atividades de venda, distribuição e comunicação do ofertante.

5.6.4 CRITÉRIOS DE VALORAÇÃO DOS INSUMOS

Qualquer que seja o insumo ou produto considerado em uma apuração de custo, ele pode ser valorizado com o uso de quatro critérios alternativos: custo médio, custo mais recente, custo de reposição e custo arbitrado.

Em termos contábeis, o custo médio e o custo mais recente correspondem ao custo médio ponderado móvel e ao custo UEPS (o último que entra é o primeiro que sai), respectivamente. O primeiro deles é aceito pela legislação fiscal brasileira, e o segundo, assim como o custo de reposição e o custo arbitrado, não.[34]

Esses critérios podem ser utilizados em todas as bases de cálculo do preço anteriormente elencadas, quais sejam, custo integral, custo do produto vendido, custo base do *markup* e custo base da margem de contribuição.

---

33 SAKURAI (1997, p. 55).

34 IUDÍCIBUS *et al.* (2010, p. 78).

Mais uma vez, a exceção fica por conta do cálculo do custo do produto vendido para fins contábeis-fiscais, para o qual existem limitações legais.

5.6.4.1 Custo médio

O custo médio unitário, ou custo pela média ponderada, é o custo resultante da ponderação do custo unitário pela quantidade das várias aquisições ou produções ocorridas.

Na hipótese da formação de estoques, o custo médio unitário é o resultado da ponderação do custo unitário da quantidade adquirida ou produzida com o custo médio do estoque que já existia (ver Tabela 5.6).

5.6.4.2 Custo mais recente

O custo mais recente é o custo da última aquisição ou produção, ou do último serviço prestado. Em termos contábeis, ele se equipara ao custo pelo método UEPS (último que entra, primeiro que sai) também conhecido pela sigla inglesa LIFO (*last, in, first out*).

A escolha deste critério de valoração é feita para que o custo apurado expresse com fidelidade os últimos custos de aquisição e/ou de produção do ofertante.

A Tabela 5.6 demonstra o cálculo do custo médio e do custo mais recente de um saco de milho em grão.

Tabela 5.6 – Apuração do custo médio e mais recente

MILHO EM GRÃO, SACO DE 60 KG							
Data	Compra			Estoque			Custo mais recente R$/saco
	Quantidade sacos	Custo unitário R$/saco	Total R$	Quantidade sacos	Total R$	Custo médio R$/saco	
06/11	1.000	80,00	80.000,00	1.000	80.000,00	80,00	80,000
15/11	1.000	82,00	82.000,00	2.000	162.000,00	81,00	82,000
23/11	1.000	84,50	84.500,00	3.000	246.500,00	82,17	84,500

O cuidado a se ter neste caso é que o custo mais recente seja representativo do comportamento do mercado e não uma exceção – um "ponto fora da curva" – em relação às transações em curso.

5.6.4.3 Custo de reposição

Custo de reposição é o custo mais provável para repor um insumo ou produto, ou refazer um objeto de venda. Alguns autores o denominam NIFO (*next in, first out*), que significa que o próximo a entrar é o primeiro a sair.[35]

Na determinação do custo de reposição podem ser utilizados tanto a cotação atual como o preço futuro do insumo, produto ou serviço a ser utilizado, desde que representativos do comportamento do mercado.

5.6.4.4 Custo arbitrado

O custo arbitrado do objeto de venda é qualquer valor escolhido pelo ofertante para representar seu custo.

Esse valor pode ser o custo PEPS (primeiro que entra, primeiro que sai) também conhecido como FIFO (*first in, first out*), o custo padrão, o custo de determinada aquisição ou de um lote específico de produção, mas também o preço constante de uma cotação qualquer obtida pelo ofertante.

Via de regra, a opção do gestor de preços pelo custo arbitrado se deve à pressão ocorrida sobre os preços praticados ou a sua percepção de oportunidades de ganho existentes no mercado.

No mais, convém lembrar que, apesar de autores consagrados afirmarem que "a empresa inteligente baseia seus preços no custo de reposição, não no custo histórico do seu estoque",[36] o que se pode observar é que o custo médio e o custo mais recente são mais utilizados em períodos de abastecimento e mercados com pouca oscilação de preços. Já o custo de reposição e o custo arbitrado são os preferidos em épocas de preços e mercados acentuadamente instáveis.

5.7 TÉCNICAS SINGULARES DE ALOCAÇÃO

A apuração do custo de produtos agropecuários e agroindustriais exige, em certos casos, o emprego de algumas técnicas singulares de alocação.

Essas técnicas são: custeio do custo conjunto, custeio de subproduto, custeio do ciclo alongado de produção, custeio com base em produto único e as tabelas auxiliares de custeio.

---

35 NAGLE; HOGAN (2006, p.155).

36 NAGLE; HOGAN; ZALE (2010, p. 188).

5.7.1 CUSTEIO DO CUSTO CONJUNTO

As técnicas de custeio do custo conjunto destinam-se a apurar o custo de dois ou mais insumos ou produtos extraídos de uma mesma matéria-prima.

Horngren, Datar e Rajan listam quatro métodos de distribuição do custo conjunto: (a) pelo valor de venda no ponto de separação; (b) pela medida física; (c) pelo valor líquido realizável estimado; e (d) da margem bruta constante.[37]

Pelo fato de dois desses critérios se basearem na receita estimada (bruta e líquida), em nossa abordagem eles foram unificados. Com isso, os três critérios alternativos para alocação do custo conjunto passam a ser: (a) pela quantidade produzida; (b) com margem de lucro constante; e (c) proporcionais à receita estimada.

A Figura 5.5 apresenta dados de processamento, custo, rendimento e valor de mercado da cana-de-açúcar e de seus principais derivados que ajudarão a explicar o emprego desses critérios.

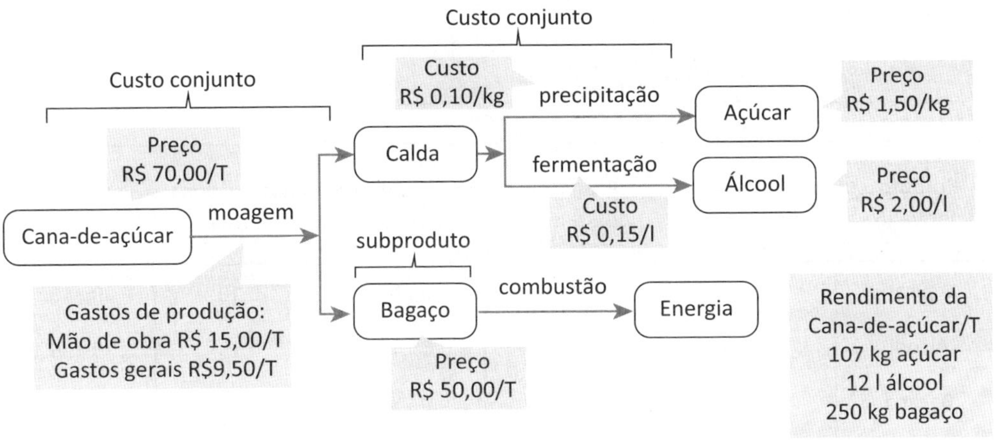

Figura 5.5 – Cana-de-açúcar: processo, custo, rendimento e preços de mercado.

a. Critério "pela quantidade produzida"

O critério "pela quantidade produzida" distribui o custo conjunto (matéria-prima mais despesas de processamento até seu desmembramento) em função da quantidade total de derivados que é produzida.

Assim, se uma tonelada de cana-de-açúcar *in natura* custa R$ 70,00, seu processamento (moagem) mais R$ 15,00/t de mão de obra e R$ 9,50/t de gastos gerais de produção e gera 107 kg de açúcar, mais 12 litros de álcool e 250 kg de bagaço, tanto ao quilograma de açúcar como ao litro de álcool e ao quilograma de bagaço de cana é atribuído o mesmo custo unitário de R$ 0,256. Em outras palavras, o custo unitário

[37] HORNGREN; DATAR; RAJAN (2012, p. 579-586).

dos derivados da cana-de-açúcar será o custo da tonelada de cana moída (R$ 70,00 + R$ 15,00 + R$ 9,50) dividido pela quantidade de derivados que esse processamento gerou (369 unidades de produto).

Na hipótese de existirem custos adicionais próprios de algum derivado (por exemplo, o custo de R$ 0,10/kg para precipitação do açúcar e de R$ 0,15/L para fermentação do álcool), esses custos deverão ser apropriados somente no derivado que lhes deu origem, como demonstra a Tabela 5.7.

Tabela 5.7 – Atribuição do custo conjunto pela quantidade produzida

Espécie de custo	Volume kg	Custo unit R$/kg	Custo total R$
Cana de açucar	1.000	0,07	70,00
Mão de obra			15,00
Gastos gerais			9,50
Custo conjunto			**94,50**

Produto derivado	Unidade de medida	Produção do derivado	Custo unitário R$/unid	Custo adicional R$/kg	Custo total unitário R$/unid
Açucar	kg	107	0,256	0,10	0,356
Alcool	l	12	0,256	0,15	0,406
Bagaço	kg	250	0,256		0,256
Soma		**369**			

b. Critério "com margem de lucro constante"

O critério "com margem de lucro constante" distribui o custo conjunto (matéria-prima mais custo de processamento até o ponto de separação) de forma a manter a mesma margem de lucro para todos os derivados que forem produzidos. Para isso emprega o mesmo artifício de cálculo reverso usado para determinar o custo-meta.

Isto é, para obter o custo total (pleno) unitário de cada um dos derivados, há que se deduzir a margem média de lucro – digamos de 10% – de seus preços de venda, o que, neste caso, resultaria no custo de R$ 1,35/kg para o açúcar, R$ 1,80/L para o álcool e R$ 45,00/t para o bagaço.

Uma vez conhecidos os custos de processamento e comercialização de cada derivado após o ponto de separação (por exemplo, 15% de processamento adicional e 8% de despesas com vendas), a parte do custo do insumo (cana-de-açúcar) atribuído a cada derivado será o custo antes obtido menos estes custos. Ou seja, R$ 1,005 (R$ 1,35 menos 23% × R$ 1,50) para o açúcar, R$ 1,340 (R$ 1,80 menos 23% × R$ 2,00) para o álcool, e R$ 33,50 (R$ 45,00 menos 23% × R$ 50,00) para o bagaço, conforme dispõe a Tabela 5.8.

Tabela 5.8 – Atribuição do custo conjunto com margem de lucro constante

Produto derivado	Unidade de medida	Preço unitário R$/unid	Margem de lucro	Custo total atribuído R$/unid	Despesas c/vendas R$/unid	Custo de processamento R$/unid	Custo líquido atribuído R$/unid
Açucar	kg	1,50	10%	1,350	0,120	0,225	1,005
Álcool	l	2,00	10%	1,800	0,160	0,300	1,340
Bagaço	T	50,00	10%	45,000	4,000	7,500	33,500

c. Critério "proporcionais à receita estimada"

O critério "proporcionais à receita estimada" distribui o custo conjunto (insumo mais as despesas de produção até o seu desmembramento) proporcionalmente à receita gerada por cada um de seus derivados.

A Tabela 5.9 dá um exemplo de alocação do custo conjunto (matéria-prima, mão de obra e gastos gerais constantes na Figura 5.5) com a aplicação desse critério.

Tabela 5.9 – Atribuição do custo conjunto pela receita estimada

Espécie de custo	Volume kg	Custo unit R$/kg	Custo total R$
Cana de açucar	1.000	0,07	70,00
Mão de obra			15,00
Gastos gerais			9,50
Custo conjunto			**94,50**

Produto derivado	Rendimento do derivado	Unidade de medida	Preço unitário R$/unid	Receita total R$	Participação na receita %	Custo atribuído	
						total R$	Unitário R$/unid
Açucar	107	kg	1,50	160,50	81,47%	76,99	0,720
Álcool	12	l	2,00	24,00	12,18%	11,51	0,959
Bagaço	0,25	T	50,00	12,50	6,35%	6,00	23,985
Soma	**119,25**			**197,00**		**94,50**	

Logo, os valores apurados de R$ 0,720 para o quilograma de açúcar, R$ 0,959 para o litro de álcool e R$ 23,985 para a tonelada de bagaço representam a parcela do custo conjunto absorvida por cada derivado em função da receita por eles gerada.

Já os custos diretos existentes após o desmembramento da matéria-prima (*e.g.*, gastos com processamento adicional, embalagem e comissão de venda) deverão ser, da mesma forma, apropriados somente ao derivado que lhes deu origem.

Embora os três critérios mencionados sejam aceitáveis, em se tratando de precificação o critério "pela receita estimada" é preferível aos demais. O principal motivo dessa preferência é que produtos que geram mais receita são alvos de maior atenção e esforço no que se refere tanto à produção como à comercialização, dando origem, com isso, a uma parcela maior do custo conjunto.

As outras razões para essa escolha são o fato de o critério "pela quantidade processada" igualar o custo conjunto de todos os produtos e o critério "com margem de lucro constante" igualar sua rentabilidade, ambos os efeitos sem uma justificativa operacional plausível.

De mais a mais, cabe reforçar que o uso dessa técnica deve se limitar às partilhas de custos comuns nas quais não é possível identificar direcionadores de custo específicos para cada derivado, como ocorre no exemplo dado.

5.7.2 CUSTEIO DE SUBPRODUTO

Subproduto é o produto de origem compulsória (*e.g.*, bagaço de cana) obtido no processamento de um produto principal (*e.g.*, açúcar) e que em relação a esse produto principal possui baixo valor de mercado.[38]

No cálculo do custo dos subprodutos são utilizados quatro tipos de procedimentos: (a) apreciação pelo seu valor líquido de venda; (b) dedução de seu valor líquido do custo da matéria-prima; (c) apreciação pelo custo alternativo; e (d) valorização pela distribuição do custo conjunto.

a. Apreciação pelo seu valor líquido de venda

A apreciação do subproduto pelo seu valor líquido de venda é feita deduzindo-se de seu preço de venda todas as despesas de comercialização, como impostos, comissão de venda e gastos com entrega.

Deste modo, se o preço de mercado do bagaço da cana-de-açúcar for de R$ 50,00/t e os gastos com vendas e entregas representarem 10% deste preço, seu valor líquido de venda, e, portanto, seu custo total, será de R$ 45,00/t.

Havendo interesse em determinar o custo do subproduto somente até seu desmembramento, deve-se deduzir do mesmo valor de venda também todos os gastos de seu processamento pós-desmembramento (*e.g.*, tratamento térmico e embalagem).

Além disso, atendendo ao princípio de neutralidade das apropriações, o mesmo valor alocado ao subproduto deverá ser deduzido do custo do produto principal a que a mesma matéria-prima der origem.

b. Custeio deduzindo seu valor líquido do custo da matéria-prima

Em lugar de determinar um custo para o subproduto e subtraí-lo do custo do produto principal, alguns ofertantes preferem deduzir seu valor líquido de venda do custo da matéria-prima que lhe dá origem.

Nesse caso, se o processamento em questão resultar em mais de um produto principal, o valor líquido de venda do subproduto será deduzido proporcionalmente à matéria-prima consumida por cada um deles.

Para exemplificar, usando esse critério, o valor líquido de venda do bagaço (R$ 45,00 × 0,25 t) seria subtraído do custo da cana-de-açúcar *in natura* (R$ 70,00 × 1,0 t), reduzindo, com isso, o custo de matéria-prima tanto do açúcar como do álcool dela derivados.

c. Apreciação pelo custo alternativo

A apreciação pelo custo alternativo é feita considerando o custo e o rendimento de outro insumo ou produto que possa substituir o subproduto que está sendo avaliado.

---

[38] HORNGREN; DATAR; RAJAN (2012, p. 578).

Para melhor esclarecer, imaginemos que a usina de cana-de-açúcar da Figura 5.5 necessite definir o custo para um bagaço de cana que possui 3.000 kcal/kg e cuja principal alternativa é a lenha de eucalipto com 5.000 kcal/kg ofertada à usina por R$ 30,00/m^3.

Nesse caso o procedimento de cálculo é o demonstrado na Tabela 5.10, o qual, tendo considerado o custo da lenha (R$ 30,00/m^3), sua equivalência em toneladas (0,4 t/m^3) e sua eficiência energética em relação à do bagaço (5.000 e 3.000 kcal/kg, respectivamente), apurou como custo alternativo do bagaço de cana o valor de R$ 45,00/t.

Tabela 5.10 – Apreciação do subproduto pelo custo alternativo

BAGAÇO DE CANA × LENHA DE EUCALIPTO							
Combustível	**Unidade de medida**	**Peso da unidade kg**	**Eficiência calorífica kcal/kg**	**Eficiência cal total/ kcal**	**Preço de mercado R$/unid**	**Custo unitário R$/kcal**	**Custo alternativo R$/t**
Lenha de eucalipto	m3	400	5.000	2.000.000	30,00	0,00001500	
Bagaço de cana	t	1.000	3.000	3.000.000			45,00

d. Valorização pela distribuição do custo conjunto

Como quarta opção, a valorização do subproduto pode ser feita utilizando os procedimentos de apuração do custo conjunto descritos no tópico anterior.

5.7.3 CUSTEIO DO CICLO DE PRODUÇÃO ALONGADO

A técnica de alocação de custo do ciclo alongado de produção é empregada para alocação do custo de produção de longa duração, fato bastante comum na área rural.

Em oposição às técnicas convencionais que fazem a alocação do custo de curtos períodos de tempo (mês, trimestre ou ano), essa técnica é utilizada tanto para o cálculo do custo de um único estágio de uma lavoura ou floresta (*e.g.*, plantio, crescimento e colheita) e de uma única fase da criação de animais (*e.g.*, crescimento, engorda e terminação) como para a distribuição de um ciclo alongado de produção que inclui desde a preparação da terra ou do espaço de confinamento até a planta ou animal estarem prontos para sua comercialização.

A alocação do custo de uma floresta de eucalipto de um produtor rural apresentada no Tabela 5.11 é um exemplo típico dessa técnica de apuração.

Tabela 5.11 – Apuração do custo de produção de ciclo alongado

EUCALIPTO PARA LENHA, EM PÉ, COM CASCA				
Espécie de custo	**Ano I R$/ha**	**Ano II R$/ha**	**Ano III a VI R$/ha**	**Soma R$/ha**
Insumos				
Mudas	R$ 806,96			R$ 806,96
Fertilizantes/Corretivos	R$ 1.733,86			R$ 1.733,86
Defensivos	R$ 1.617,00			R$ 1.617,00
Serviços				
Preparo do solo/plantio	R$ 1.300,11			R$ 1.300,11
Tratos culturais	R$ 1.125,27			R$ 1.125,27
Colheita, desbaste				
Manutenção da floresta				
Capina química mecanizada na entrelinha		R$ 143,51		R$ 143,51
Capina química mecanizada na linha		R$ 121,55		R$ 121,55
Adubação de cobertura		R$ 829,64		R$ 829,64
Repasse de combate às formigas		R$ 192,50	R$ 418,00	R$ 610,50
Manutenção de aceiros e carreadores		R$ 345,51	R$ 230,34	R$ 575,85
Assitência técnica	R$ 140,00	R$ 60,00	R$ 100,00	R$ 300,00
Custo de produção por hectare				**R$ 9.164,25**

Fonte: adaptado de *Estimativa de custo operacional de produção – eucalipto* (IFAG ECONOMICO, 2017).

Como se pode ver, este formato de apresentação volta-se para a demonstração dos principais componentes do custo de produção (insumos, serviços, manutenção da floresta e assistência técnica) por período de atividade (Ano I, Ano II e Ano III a VI) e na unidade de medida de interesse do produtor (R$/ha).

Por sua vez, a apuração do lucro desse mesmo eucalipto com a consideração das despesas diretas e indiretas que lhe competem e da receita auferida em sua venda poderia assumir o formato apresentado na Tabela 5.12.

Tabela 5.12 – Apuração do lucro do produtor por hectare

EUCALIPTO PARA LENHA, EM PÉ, COM CASCA		
Espécie de custo	**Critério de cálculo**	**R$**
Insumos	Mudas, fertilizantes, defensivos	R$ 4.157,82
Mão de obra	Preparo, trato, manutenção, colheita	R$ 4.706,43
Gastos gerais	Assitência técnica	R$ 300,00
Custo de produção	**1 ha, 300 m³**	**R$ 9.164,25**
Despesas tributárias	Funrural, RAT, Senar – 1,5% s/receita	R$ 180,00
Despesas comerciais	Comissão intermediário – 1% s/receita	R$ 120,00
Despesas administrativas	Despesas gerais, ITR	R$ 1.100,00
Despesas financeiras	Arrendamento da terra	R$ 0,00
Custo total	**1 ha, 300 m³**	**R$ 10.564,25**
Preço de venda unitário	m³	R$ 40,00
Receita total	**300 m³**	**R$ 12.000,00**
Lucro líquido	300 m³	R$ 1.435,75

Dessa maneira, o demonstrativo do custo e do resultado apurado se aproxima do padrão utilizado para as atividades empresariais.

5.7.4 CUSTEIO COM BASE EM PRODUTO ÚNICO

A técnica de cálculo de custo com base em produto único consiste na apuração do custo de produtos consorciados tomando como referência a produtividade alcançada nos períodos em que cada um deles foi o único em produção.

Produtos consorciados são aqueles produzidos concomitantemente em uma mesma instalação ou área de terras ou utilizando os mesmos equipamentos, suprimentos ou força de trabalho.

Essa técnica é indicada nas situações em que o compartilhamento de recursos dificulta a identificação dos custos próprios de cada objeto de venda. Mas também o é nos casos em que o custo para obtenção das informações necessárias para realizar as apropriações desejadas é maior que o benefício gerado por essas apropriações.

Sua aplicação compreende quatro passos, a saber: (a) apuração do fator de alocação; (b) cálculo do gasto pré-ajustado; (c) cálculo do gasto ajustado; e (d) divisão do valor do gasto ajustado pela quantidade produzida, todos procedimentos por item de custeio.

Para demonstrá-la, imaginemos uma pequena fábrica de móveis residenciais de madeira cuja linha de produção é composta por um conjunto dormitório e um conjunto sala de estar, a respeito dos quais seu proprietário deseja saber quanto cada um deles consome de mão de obra.

Admitamos também que, mesmo ciente da importância de conhecer o gasto com mão de obra para identificar o custo de produção e a rentabilidade de cada produto, seu proprietário não faz registro das horas homem empregadas por considerar que tal procedimento seria por demais oneroso, tomaria muito tempo e seus dados ficariam obsoletos muito rapidamente.

Não obstante, pelo fato de a empresa ter produzido em alguns períodos só o dormitório e em outros somente a sala de estar, o mesmo proprietário sabe qual é a produtividade de cada item em regime de produto único. Isto é, tem conhecimento de quantas unidades consegue produzir por mês nesta circunstância, assim como sabe que estas produtividades não são as mesmas quando os dois itens são produzidos simultaneamente.[39]

O primeiro passo, então, consiste na determinação dos fatores de alocação da mão de obra direta, o que é feito invertendo o número que representa a produtividade de cada item em regime de produto único (neste caso, 25 dormitórios e 20 salas de estar por mês) e convertendo-o em número decimal, conforme a Tabela 5.13.

Tabela 5.13 – Cálculo do fator de alocação da mão de obra

FÁBRICA DE MÓVEIS RESIDENCIAIS DE MADEIRA				
Equipe de profissionais	**Produto único no mês**	**Produtividade produto único pç/mês**	**Fórmula de cálculo do fator de MdO**	**Fator de alocação da MdObra**
3 marceneiros e 3 auxiliares	Dormitório	25	1/25	0,040
	Sala de estar	20	1/20	0,050

Para executar o segundo passo – o cálculo do valor do gasto pré-ajustado de cada item –, é necessário saber o valor total gasto com mão de obra e a quantidade produzida no mesmo período de atividade, neste caso, R$ 22.680,00, 11 dormitórios e 7 salas de estar. Depois disso deve-se multiplicar o gasto com mão de obra pela quantidade

[39] Entre as razões para diferentes produtividades podemos incluir o *setup* dos equipamentos, a preparação dos materiais aplicados e a perícia dos profissionais envolvidos.

produzida de cada item e por seus respectivos fatores de alocação (0,040 e 0,050). Logo após, somar os valores encontrados (R$ 9.979,20 e R$ 7.938,00) e dividir o valor gasto com mão de obra pelo resultado dessa soma (R$ 22.680,00 por R$ 17.917,20), para obter o fator de correção do valor a alocar, qual seja, 1,265823, como se constata na Tabela 5.14.

Tabela 5.14 – Apuração do custo de mão de obra com base no fator de alocação

FÁBRICA DE MÓVEIS RESIDENCIAIS DE MADEIRA							
Custo total da MdObra R$	Produção do mês		Fator de alocação da MdObra	MdObra a apropriar R$	Fator de correção da MdObra	Ajuste no custo da MdObra R$	Custo da MdObra R$/pç
	Item produzido	Quantidade pç					
22.680,00	Dormitório	11	0,040	9.979,20	1,26582278	12.631,90	1.148,35
	Sala de estar	7	0,050	7.938,00	1,26582278	10.048,10	1.435,44
Soma crítica				17.917,20		22.680,00	

O terceiro passo é aplicar o fator de correção encontrado (1,26582378) ao gasto pré-ajustado de cada item, ajustando-os e fazendo, com isso, que sua soma coincida com o gasto total de mão de obra (R$ 22.680,00). E, para finalizar, o quarto passo consiste em dividir o valor do gasto ajustado de cada item por sua quantidade produzida, como explicita a mesma Tabela 5.14.

O custo de mão de obra apurado seguindo esse procedimento, como vemos, foi de R$ 1.148,35 para o conjunto dormitório e de R$ 1.435,44 para o conjunto sala de estar, valores estes que, multiplicados pelas quantidades produzidas, representam o gasto total com mão de obra no período considerado.

5.7.5 TABELAS AUXILIARES DE CUSTEIO

Tabelas auxiliares de custeio são conjuntos predeterminados de fatores de alocação de custo utilizados para a apropriação dos gastos incorridos, mas que também podem ser usadas na avaliação da performance de um produtor rural ou de uma agroindústria.

Como ferramenta de custeio, o propósito central dessas tabelas é facilitar certas apropriações utilizando parâmetros fixos que guardem estreita ligação com os recursos utilizados – sejam eles materiais, mão de obra, instalações, equipamentos, energia ou serviços – e substituindo a necessidade de controles operacionais regulares e dispendiosos.

Tais tabelas são construídas tanto a partir de dados fornecidos por agências governamentais, empresas de pesquisa, agrônomos, zootecnistas, veterinários e fornecedores de insumos como por dados coletados pelo próprio produtor rural ou agroindústria.

Alguns exemplos de tabelas auxiliares de custeio são as tabelas de carga animal,[40] de perdas de abate e de rendimento de insumos.

Para esclarecer o uso desse tipo de recurso, tomemos o caso de um produtor rural que explore a criação de gado bovino cuja alimentação é feita com pastagem capim cultivada em sua propriedade, que dá origem ao gasto especificado na Tabela 5.15.

Tabela 5.15 – Custo de pastagem para bovinos

PASTO CAPIM		
Insumo	**Especificação**	**R$/ha**
Calcáreo	Dolomítico	R$ 186,00
Semente	B. brizantha cv. Marandú	R$ 150,00
Adubo plantio	superfosfato simples	R$ 255,00
Adubo cobertura	20-00-20	R$ 450,00
Defensivo	diversos	R$ 130,00
Soma dos custos dos insumos		R$ 1.171,00
Operação mecanizada	**Especificação**	**R$/ha**
Aração	arado	R$ 215,00
Nivelamento	grade niveladora	R$ 130,00
Aplicação de calcáreo	distribuidor de calcáreo	R$ 86,00
Adubação/semeadura	distribuidor de adubo	R$ 155,00
Compactação	grade niveladora	R$ 65,00
Adubação de cobertura	distribuidor de calcáreo	R$ 86,00
Aplicação de herbicida	pulverizador	R$ 38,50
Soma dos custos das operações mecanizadas		R$ 775,50
Custo total formação de pastagem (R$/ha)		**R$ 1.946,50**

40 ANTUNES; ENGEL (1999, p. 188-190); MARION (1996, p. 48)

Pretendendo alocar o custo dessa pastagem a cada animal criado, esse produtor poderá utilizar uma tabela de taxa de lotação e consumo de pastagem por hectare[41] (tabela de carga animal) idêntica à apresentada na Tabela 5.16.

Tabela 5.16 – Tabela de carga animal e custo da pastagem por animal

Tipo de bovino	Idade	Taxa de lotação/ha	Fórmula de cálculo	Custo de pastagem p/animal
Vaca	adulta	1	Custo pastagem / hectare × taxa de lotação/ha	1.946,50
Machos e fêmeas	3 a 4 anos	1		1.946,50
Machos e fêmeas	2 a 3 anos	0,75		1.459,88
Machos e fêmeas	1 a 2 anos	0,5		973,25
Machos e fêmeas	0 a 1 ano	0,25		486,63
Reprodutor	adulto	1,25		2.433,13

O resultado assim obtido por animal criado, variando de R$ 486,63 a R$ 2.433,113, é o custo de pastagem por tipo de bovino e taxa de lotação por hectare constante da referida tabela.

A vantagem do uso desse tipo de recurso é por si só evidente. Porém, para que ela se mantenha, convém lembrar que, por conta da evolução tanto da tecnologia como dos métodos de trabalho aplicados, tais tabelas necessitam ser periodicamente atualizadas.

[41] Neste exemplo, a taxa de lotação da pastagem foi definida com base em um bovino adulto de 450 kg.

CAPÍTULO 6

A margem no agribusiness

A ideia de que o pricing *pode ser criativo é bastante criativa e original.*

Alfred R. Oxenfeldt

6.1 O CONCEITO DE MARGEM

No *pricing*, margem, ou margem das vendas, é todo valor absoluto ou relativo adicionado ao custo de um produto, mercadoria ou serviço para obter seu preço de venda. Vista por outro ângulo, ela é a diferença entre o preço e o custo, de qual espécie for, do objeto de venda.

Portanto, sob a perspectiva do *pricing*, existem margens que não representam o lucro líquido de uma operação comercial, pois nelas estão incluídas, além desse lucro, algumas despesas, como acontece na margem de *markup* e na margem de contribuição.

Outro ponto importante é que, mesmo quando o termo "margem" é aplicado no sentido de lucro líquido, ela se refere somente a uma das rentabilidades que podem ser atribuídas a uma mesma operação. Alguns exemplos dessa multiplicidade de opções existentes são a margem líquida a custo integral, a margem sobre a receita líquida (comum em análises do mercado financeiro), a margem a custo de reposição, a margem com base no custo padrão e a margem após a tributação sobre o lucro. Essa é a razão para os esclarecimentos que se seguem.

6.2 A FUNÇÃO DA MARGEM

A função principal da margem de um objeto de venda é determinar o retorno econômico de uma operação comercial.

Para atingir tal propósito, a margem é utilizada de duas maneiras. Nos casos em que o agente determinante do preço é o ofertante, a margem é usada para definir o preço a ser praticado (preço de venda). Nos casos em que o agente determinante é um cliente, a livre concorrência ou uma autoridade constituída, a margem serve para informar o retorno a ser obtido a partir do preço exigido (preço de mercado ou preço administrado).

Subsidiariamente, a margem exerce também a função de meta e de indicador histórico de desempenho. Na função de meta, ela representa o objetivo a ser perseguido, que é posteriormente comparado com o resultado alcançado para dizer sobre a eficácia das operações de venda. Na função de indicador histórico, a margem passada é comparada com a margem atual para, da mesma forma, avaliar o desempenho obtido.

6.3 A EXPECTATIVA DE RETORNO

Tanto para definir os preços a serem praticados como para avaliar os preços propostos ou em curso, o gestor de *pricing* necessita de um referencial de desempenho.

Não obstante a preferência de alguns pelo uso de seu próprio desempenho histórico e de outros pelo desempenho da concorrência, a principal referência de um gestor de preços sempre será a expectativa de retorno financeiro do ofertante para o qual opera. Por retorno financeiro do ofertante entenda-se o rendimento do capital por ele investido no empreendimento ou operação comercial objeto de precificação.

Para o gestor de preços, essa expectativa de retorno precisa ser traduzida em termos de margem sobre as vendas, o que, entre outras possibilidades, é feito utilizando as variáveis (a) capital investido, (b) expectativa de retorno financeiro deste capital e (c) volume de vendas da operação mediante a seguinte fórmula:

MARGEM DE RENTABILIDADE LÍQUIDA SOBRE AS VENDAS

= (capital investido × taxa de retorno atual) / (venda mensal × 12) = margem líquida %.

Para exemplificar, imaginemos uma operação comercial que exija um investimento de R$ 18.000.000,00, tenha uma expectativa de retorno financeiro[1] de no mínimo 20% ao ano e cujo volume de vendas previsto seja de R$ 2.000.000,00/mês.

[1] Também identificada pelos operadores financeiros como ROI (*return on investment*).

Nesse caso, a aplicação da fórmula da margem líquida sobre as vendas indicaria que:

MARGEM DE RENTABILIDADE LÍQUIDA SOBRE AS VENDAS

= (R$ 18.000.000,00 × 20%) / (R$ 2.000.000,00 × 12) = **15%**.

Ou seja, para atender à expectativa de retorno desse ofertante, a margem de rentabilidade líquida sobre as vendas precisará ser de no mínimo 15% e, por dedução, o custo total médio mensal dos produtos vendidos necessitará alcançar, no máximo, R$ 1.700.000,00.

Na hipótese de o ofertante operar com uma margem de rentabilidade superior a 15%, o volume de vendas poderia ser proporcionalmente menor, e vice-versa. Por outro lado, caso a margem pretendida exigisse a prática de preços acima dos aceitos pelo mercado, caberia uma revisão dos referidos parâmetros, seja do valor do investimento, da taxa de remuneração do capital investido e do volume de vendas previsto, seja dos custos implícitos na operação.

Esta visão de desempenho do ofertante é importante por chamar a atenção não só para o fato de que o maior interesse do investidor é o retorno sobre o capital investido, mas também de que outros feitos tantas vezes alardeados, como crescimento das vendas, participação de mercado, presença na mídia, redução de custo e conquista de mercado externo, só fazem sentido quando contribuem para o alcance do retorno desejado.

6.4 AS VARIANTES DA MARGEM

Existem quatro espécies de margem sobre o preço de venda de maior relevância para o gestor de *pricing*: a margem líquida, a margem bruta, o *markup* e a margem de contribuição.[2]

Cada uma dessas margens está relacionada a uma das espécies de custo abordadas no Capítulo 5. A margem líquida é apurada com base no custo integral, a margem bruta com base no custo do produto, mercadoria ou serviço vendido[3] ou custo do objeto de venda em si, o *markup* a partir do custo base do *markup* e a margem de contribuição sobre o custo base da margem de contribuição.

Ademais, essas mesmas margens podem ser apuradas com o uso de diferentes critérios de cálculo – a maior parte deles já comentados –, vindo a constituir o que denominamos de variantes da margem, como exposto no Quadro 6.1:

---

2 As margens denominadas de Ebit (*earnings before interest and taxes*) e Ebitda (*earnings before interest, taxes, depretiation and amortization*) não estão sendo aqui consideradas por serem irrelevantes para o propósito desta obra.

3 Ver *Princípios de administração financeira* (GITMAN, 2010, p. 58-59).

Quadro 6.1 – Variantes da margem sobre o preço de venda

<table>
<tr><th>Espécie</th><th>Quanto ao custo base</th><th colspan="4">Quanto à natureza do custo base</th><th colspan="4">Quanto à valoração dos insumos</th><th colspan="3">Quanto à receita base</th></tr>
<tr><td>Margem líquida</td><td>Custo integral</td><td rowspan="4">Custo efetivo</td><td rowspan="4">Custo padrão</td><td rowspan="4">Custo orçado</td><td rowspan="4">Custo-meta</td><td rowspan="4">Pelo custo médio</td><td rowspan="4">Pelo custo mais recente</td><td rowspan="4">Pelo custo de reposição</td><td rowspan="4">Pelo custo arbitrado</td><td rowspan="4">Sobre a receita bruta</td><td rowspan="4">Sobre a receita menos imposto sobre a venda</td><td rowspan="4">Sobre a receita menos deduções da venda</td></tr>
<tr><td>Margem bruta</td><td>Custo do produto vendido</td></tr>
<tr><td>Markup</td><td>Custo base do markup</td></tr>
<tr><td>Margem de contribuição</td><td>Custo base da margem de contribuição</td></tr>
</table>

Operacionalmente, tamanha variedade de critérios apenas significa que, qualquer que seja a margem e seu custo base, ela tanto pode ser calculada a partir do custo efetivo como do custo padrão, do custo orçado ou do custo-meta. De idêntica maneira, significa que os insumos utilizados podem ser apreciados tanto pelo custo médio como pelo custo mais recente, pelo custo de reposição ou pelo custo arbitrado pelo ofertante. E que o preço ou a receita que serve como base para cálculo da margem pode ou não incluir os impostos e demais deduções da venda (devoluções, descontos e abatimentos).

As margens da bebida de iogurte apresentada no Tabela 6.1 demonstram o resultado de várias combinações desses critérios: o preço com e sem o imposto sobre a venda, a margem bruta e líquida, o *markup* e a margem de contribuição, assim como os custos efetivo e padrão apurados com base no custo médio de seus insumos.

Tabela 6.1 – Aplicação de alguns critérios de cálculo da margem

BEBIDA LÁCTEA, SACO 1 L					
Variantes do custo		Custo efetivo sobre custo médio		Custo padrão sobre custo médio	
Espécie		$/saco	%	R$/saco	%
Matéria prima (leite)	custos diretos	1,265		1,240	
Material secundário	custos diretos	0,679		0,580	
Material de embalagem	custos diretos	0,426		0,380	
Mão de obra direta	custos diretos	0,138		0,119	
Mão de obra indireta	custos indiretos	0,097		0,080	
Gastos gerais de produção	custos indiretos	0,193		0,160	
Custo de produção (CPV)		**2,798**	**70,7%**	**2,558**	**68,0%**
Despesas comerciais	despesas indiretas	0,098	2,5%	0,202	5,2%
Despesas com entrega	despesas indiretas	0,105	2,7%	0,260	6,7%
Despesas administrativas	despesas indiretas	0,112	2,8%	0,240	6,2%
Despesas financeiras	despesas indiretas	0,066	1,7%	0,180	4,6%
Descontos e devoluções	despesas indiretas	0,030	0,8%	0,070	1,8%
Preço sem imposto sobre a venda		**3,840**	**97,1%**	**3,760**	**97,1%**
Imposto sobre a venda	despesa direta	0,115	2,9%	0,113	2,9%
Preço com imposto sobre a venda		3,955	**100,0%**	3,873	**100,0%**

Espécie de margem	$/saco	%	R$/saco	%
Margem bruta sobre preço com imposto, sobre a venda e sobre custo de produção	1,157	29,3%	1,314	33,9%
Margem líquida sobre preço sem imposto, sobre a venda e sobre custo integral	0,631	16,4%	0,250	6,6%
Markup sobre preço com imposto, sobre a venda e sobre custo de produção	1,157	29,3%	1,314	33,9%
Margem de contribuição sobre preço sem imposto, e sobre custo direto de produção	1,332	34,7%	1,441	38,3%

Embora todas essas variantes da margem possam ser utilizadas para calcular os preços e a rentabilidade das vendas, sua escolha obedece às mais diferentes razões, como peculiaridades do negócio, características do mercado, facilidade de cálculo, exigência de instituições financeiras ou mesmo preferências pessoais.

A despeito disso, deve-se ter em conta que alguns usos da margem já se encontram a saber:

- *Margem líquida sobre o custo efetivo pelo custo médio de produção*: preferida por ofertantes que possuem bons controles de gastos e que competem em mercados bastante estáveis.
- *Margem líquida sobre a receita líquida (vendas menos deduções) pelo custo efetivo*: adotada pelo mercado financeiro para comparar o resultado de diferentes empresas.
- *Margem bruta e líquida sobre o custo padrão*: adotada por empresas usuárias de sistemas orçamentários.
- *Markup pelo custo mais recente*: preferida por empresas comerciais de pequeno porte em geral.
- *Margem de contribuição pelo custo mais recente dos materiais e mão de obra diretos*: usada por manufaturas que não dispõem de um controle de gastos confiáveis além do custo dos materiais diretos e da mão de obra direta.
- *Margem líquida ou margem-alvo sobre o custo-meta*: utilizada para lançamento de novos produtos em mercados altamente competitivos.

Além disso, ao se valer de qualquer das variantes da margem, compete ao gestor de preços investigar como ela é calculada. Isso porque, embora seus vários critérios de apuração sejam amplamente divulgados, nada impede que um competidor adote uma terminologia ou procedimento que não coincida com as alternativas mais conhecidas, recomendadas ou utilizadas.

Tomando esse cuidado, o gestor reduz a possibilidade de, ao se envolver em uma negociação ou dar parecer a seu respeito, vir a utilizar critérios ou endossar conclusões que possam levar a decisões equivocadas.

6.5 AS CLASSES DE RENTABILIDADE

Uma das questões cruciais com as quais os gestores de *pricing* são frequentemente confrontados é: qual é a margem de rentabilidade adequada para uma operação comercial?

Partindo da premissa de que todo ofertante tem como princípio a maximização do lucro, a resposta óbvia para essa questão seria: a maior margem possível.

Na prática, porém, essa é uma diretriz bastante elástica, pois, para maximizar o resultado do empreendimento, como já vimos, cada tipo e momento da oferta pode exigir a aplicação de uma margem específica.

Mesmo assim, a maioria dos ofertantes termina por praticar margens líquidas até certo ponto padronizadas e que podem ser enquadradas nas três classes de rentabilidade sobre a receita líquida a seguir:[4]

Classe 1: rentabilidade média de 3%

Nessa classe costuma-se encontrar os ofertantes de commodities, operando com mercadorias de alto giro e em setores altamente competitivos.

Classe 2: rentabilidade média de 10%

Nessa categoria se encontram os ofertantes de produtos relativamente diferenciados, negociados em mercados de média competitividade.

Classe 3: rentabilidade média de 20%

Essa faixa é privilégio dos ofertantes de produtos muito diferenciados, frequentemente de alta tecnologia, de marcas consagradas, com grande presença na mídia, poucos competidores ou atendendo a necessidades bem específicas.

É fácil perceber que esse é um enquadramento recheado de exceções. Ofertantes de diferentes ramos de atividade, de diferentes portes, operando em diferentes mercados e com diferentes níveis de eficiência podem apurar rentabilidades muito distintas entre si. Por outro lado, períodos de crise, de euforia ou de intervenções governamentais também podem afetar enormemente os resultados obtidos por determinado ofertante ou setor de atividade.

Em que pesem todas essas considerações, uma boa referência para esse desempenho é a margem média sobre a receita líquida anual obtida pelas 500 maiores empresas brasileira de 2009 a 2019, portanto no período pré-pandemia. Nesse intervalo, como se pode ver na Tabela 6.2, ela variou de -3,4% a 10,5%.

4 Tema tratado originalmente em Eckhard (2016, p. 55-56).

Tabela 6.2 – Rentabilidade das 500 maiores empresas brasileiras não financeiras

Ano	Receita líquida (bilhões US$)	Margem de rentabilidade (%)
2009	729	9,3
2010	808	10,5
2011	867	8,2
2012	882	4,1
2013	916	4,8
2014	936	3,1
2015	892	-3,4
2016	820	5,0
2017	840	4,6
2018	810	9,4
2019	832	6,5

Fonte: *Exame Melhores e Maiores: as 1000 maiores empresas do Brasil* (EXAME, 2018, p. 56; 2019, p. 46-47; 2021).

Outra informação relevante a respeito da margem de rentabilidade das empresas nacionais consta da Lei n. 9.430/96, que, entre outros temas, trata das transferências de produtos e serviços para outros países, ou seja, de vendas ao mercado externo a compradores juridicamente vinculados à figura do exportador.

Essa lei estabelece que a margem de rentabilidade aceita para esse tipo de transferência é de 15% sobre o custo do produto ou serviço precificado, o que equivale, levando em conta as demais despesas de exportação, a aproximadamente 14% de seu preço de venda.[5]

Sabendo que esse dispositivo tem por objetivo resguardar direitos da Fazenda Nacional, faz sentido inferir que a margem de rentabilidade de que trata o referido documento legal tenha se baseado em informações da Secretaria da Receita Federal, a qual detém em seus bancos de dados as declarações de renda de todas as pessoas jurídicas do país. Logo, 14% de rentabilidade sobre o preço de venda deve representar, com muita proximidade, o quartil superior da rentabilidade de todas as empresas brasileiras, não só das 500 maiores mencionadas na Tabela 6.2.

[5] BRASIL (1996).

6.6 O ESTOL DA MARGEM

O estol da margem é a perda de sustentação da margem de rentabilidade do objeto de venda.[6]

O fenômeno estol da margem é uma decorrência da queda do preço e/ou do aumento do custo do objeto de venda sem que haja uma alteração no mesmo sentido e com a mesma intensidade em sua contraparte, seja ela custo ou preço.

Isso significa que, para que a margem não decline, quando o preço do objeto de venda cai seu custo precisa sofrer uma redução de no mínimo igual valor. E quando o custo aumenta, o preço de venda também precisa vir acrescido de no mínimo igual montante. Caso contrário ocorrerá o estol da margem.

Essa perda de sustentação tem efeito, segundo Porter, em razão das deficiências apresentadas pelo ofertante na manutenção e geração do valor de sua oferta, pela erosão de sua vantagem competitiva causada pela atuação de seus concorrentes e em decorrência da evolução ocorrida na indústria à qual pertence.[7]

Sob a perspectiva do preço, são seis as principais razões que levam o preço do objeto de venda a decair: (a) mudanças ocorridas no mercado comprador ou consumidor; (b) ação dos concorrentes; (c) problemas de qualidade do produto ou serviço ofertado; (d) equipe de venda pouco eficaz; (e) falhas no atendimento a clientes; e (f) deficiências de comunicação com o mercado.

Por outro lado, dentre os motivos para a ascensão do custo da oferta, destacam-se: (a) alta do preço dos insumos; (b) aumento dos custos de logística; (c) acréscimo nos custos de comercialização; (d) obsolescência das instalações; (e) queda de produtividade; (f) alteração significativa nos procedimentos operacionais; (g) mudanças na linha de produtos; (h) problemas de qualidade; (i) elevação dos custos indiretos; (j) adversidades climáticas; (k) imobilizações sem o devido retorno; (l) deseconomias de escala; e (m) onerações tributárias, como ilustra a Figura 6.1.

Acontece que, mesmo tais causas sendo conhecidas, alguns gestores têm dificuldade para superá-las. Essa falta de resiliência pode ser resultado da insistência em modos de atuação que foram bem-sucedidos no passado, mas que estão ultrapassados, assim como da carência de expertise para liderar mudanças em profundidade, do receio do fracasso ou da ausência de uma visão atualizada de mercado.

---

6 O termo "estol", que deriva do inglês *stall*, é um termo usado na aviação e na aerodinâmica para indicar a perda da capacidade de sustentação aérea de um objeto em deslocamento (ANAC, s. d.).

7 PORTER (1990, p. 18, 31-44).

- **ESTOL DA MARGEM**
  - **DECLÍNIO DO PREÇO**
    - Alterações de mercado
    - Ação dos concorrentes
    - Problemas de qualidade da oferta
    - Equipe de vendas pouco eficaz
    - Falhas no atendimento a clientes
    - Comunicação deficiente
  - **ASCENSÃO DO CUSTO**
    - Alta do preço dos insumos
    - Aumento dos custos de logística
    - Acréscimo nos custos de comercialização
    - Obsolescência das instalações
    - Queda da produtividade
    - Alterações nos procedimentos operacionais
    - Mudanças na linha de produtos
    - Problemas de qualidade
    - Elevação dos custos indiretos
    - Adversidades climáticas
    - Imobilizações sem o devido retorno
    - Deseconomias de escala
    - Onerações tributárias

Figura 6.1 – Causas do estol da margem

Foi o que se sucedeu com uma empresa produtora de inseticidas à base de piretrina natural extraída da flor do piretro. Após duas décadas de sucesso como produtora do princípio ativo e de alguns inseticidas líquidos e sólidos – a exemplo da espiral repelente de insetos da Figura 6.2 –, a empresa passou a enfrentar sérios problemas de demanda, preços e lucratividade.

Figura 6.2 – Repelente de insetos em formato de espiral.

Fonte: iStockphoto.

Esse mau desempenho foi consequência do advento dos piretroides sintéticos, da entrada de novos competidores, da concorrência dos sprays aerossóis e repelentes em aparelhos elétricos com refil, de uma força de vendas pouco prestigiada e da falta de comunicação com seu público-alvo. Isso sem contar os elevados custos de produção gerados por um sistema antiquado de parceria rural, processos industriais um tanto artesanais, instalações obsoletas e uma mão de obra pouco qualificada que ocasionava problemas de produtividade, de qualidade e de ordem trabalhista.

Tudo que precisava ser feito para superar as dificuldades enfrentadas pela empresa era exequível. A percepção atualizada do mercado poderia ser obtida com visitas a varejistas, participação em feiras especializadas e reuniões com a equipe de vendas; o planejamento do futuro da empresa, com o *benchmarking* de alguns *players* bem-sucedidos, e a reestruturação operacional, recrutando profissionais qualificados, reconfigurando as instalações fabris, firmando parceria com distribuidores e redes de supermercados e revisando as práticas de comunicação.

Por fim, uma década depois, se abstendo de fazer as mudanças necessárias, a empresa foi vendida.

6.7 O EFEITO *OVERHEAD*

No *pricing*, o gasto com *overhead* é o valor adicionado ao custo direto ou variável[8] para obter o custo de produção ou o custo integral de um produto, mercadoria ou serviço. O efeito *overhead*, consequentemente, é o impacto que essa parcela tem nos custos, nos preços e nas margens do ofertante.

Jeffrey G. Miller e Thomas E. Vollmann, em seu clássico artigo "The hidden factory", de 1985, versando sobre a evolução dos custos industriais, já alertavam para o efeito dos gastos com *overhead* sobre a competitividade dos preços e o desempenho empresarial.[9] Nagle, Hogan e Zale, em sua obra *Estratégia e táticas de preços: um guia para decisões lucrativas*[10] chamaram a atenção para a relevância do custo marginal ou incremental na determinação de preços, ou seja, aquele que não considera os gastos de *overhead*. Sharp, por sua vez, em *How brands grow: como as marcas crescem*,[11] atribui a obsessão de muitas empresas pelo crescimento das vendas ao seu grande volume de despesas fixas. Isso não só porque esse crescimento permite alavancar enormemente a rentabilidade do negócio, mas também porque, quando as vendas caem, acontece o inverso.

---

8 Vale lembrar que, conforme esclarece o Capítulo 5, este tipo de análise desconsidera as possíveis diferenças entre custo fixo e custo indireto, bem como entre despesa variável e despesa direta.

9 No texto de origem consta "custos indiretos de fabricação elevados têm um dramático efeito sobre o lucro e a competitividade" (MILLER; VOLLMANN, 1985, minha tradução).

10 NAGLE; HOGAN; ZALE (2010, p. 182-195).

11 SHARP (2017, p. 43).

O ponto comum a essas observações é a crescente importância dos custos e despesas indiretas (ou fixas) no resultado das empresas, o que só reforça a necessidade de que, ao precificar, o efeito da parcela de *overhead* nos custos, preços e margens de lucro seja alvo de especial atenção.

A Figura 6.3 ilustra, *grosso modo*, a participação dos gastos com *overhead* –representado neste diagrama pelo custo fixo – na formação do lucro operacional.

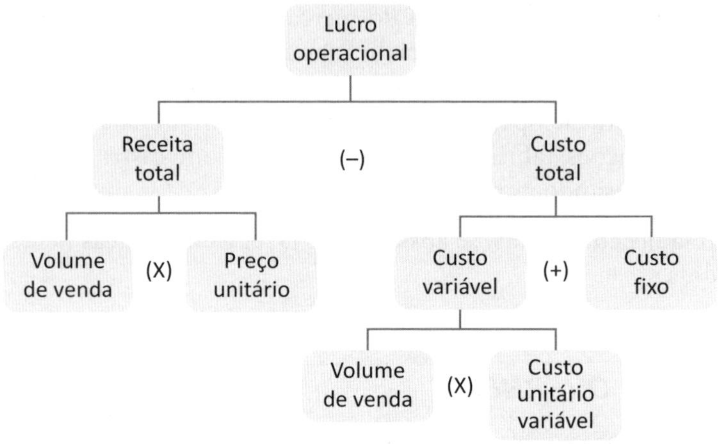

Figura 6.3 – Formação do lucro operacional.

Fonte: adaptada de Diamantopoulos (BAKER, 2005, p. 246).

Note-se que essa representação não faz menção ao volume de produção e de estoque, sugerindo que seu autor considerou o volume de produção ou de compra igual ao volume de vendas e, em função disso, a não ocorrência de estoques.

Contudo, poucas vezes a produção ou a compra é igual à venda, especialmente no curto prazo, o que gera estoques. Além disso, deve-se ter em conta que, por razões técnicas, tanto a produção como o estoque absorvem somente o custo fixo (indireto) da área produtiva (*overhead* de produção) e não as despesas fixas relacionadas à comercialização e gestão do empreendimento (*overhead* corporativo).

Este é, portanto, o primeiro destaque a ser feito: existe um *overhead* de produção (*manufacturing overhead*) e um *overhead* corporativo (*administrative, selling, distribution and financial overhead*). Este último, conforme visto no Capítulo 4, parte da contribuição corporativa.

Como também já vimos, o *overhead* de produção é constituído pelos gastos de produção não diretamente relacionados à geração do objeto de venda, portanto pertencentes ao grupo de custos indiretos. Em outros termos, são gastos com a gerência das operações, planejamento e controle da produção, desenvolvimento de produtos, controle de qualidade, gestão de estoques, manutenção de equipamentos, depreciação das imobilizações e consumo de energia, entre outros.

Por sua vez, o *overhead* corporativo é composto pelas despesas indiretas que têm origem nas atividades de gestão e viabilização do negócio, sejam tais atividades de natureza comercial, logística, financeira ou administrativa propriamente dita.

São duas as razões para considerar esses dois tipos de *overhead* – de produção e corporativo – separadamente. A primeira é que faz mais sentido alocar o *overhead* de produção com base em eventos relacionados à produção e o *overhead* corporativo em eventos relacionados à gestão e à comercialização. A segunda é que, para fins contábeis-fiscais, o *overhead* de produção é incorporado ao custo de produção e ao valor do estoque, enquanto o *overhead* corporativo não se presta a este fim.

Não obstante tais diferenças, tanto na apropriação do *overhead* de produção como do *overhead* corporativo costumam ser empregados os mesmos métodos de custeio (por absorção e ABC), variando apenas seus critérios de alocação.

Além do mais, convém lembrar que o custeio por absorção é o método tradicional e mais simples. Possui, entretanto, a desvantagem de apropriar os gastos indiretos utilizando-se de parâmetros genéricos que, por vezes, desconsideram o estreito vínculo entre um determinado gasto e seu objeto de custeio.

Já o custeio ABC se propõe a eliminar essa distorção. Acontece que, além de ser de complexa implementação e exigir revisões periódicas (o que não depõe contra a qualidade e conveniência do uso desse método sempre que ele se mostrar viável), ele não se aplica a todos as espécies de gasto.

6.7.1 *OVERHEAD* DE PRODUÇÃO

Quanto à alocação do gasto com *overhead* de produção, além dos critérios específicos adotados pelo custeio ABC e dos quais não trataremos, existem seis critérios amplamente disseminados de custeio por absorção a ele aplicáveis, a saber: (a) pelo custo dos materiais diretos; (b) pelo custo direto de produção; (c) pela quantidade das horas homem; (d) pelo custo das horas homem; (e) pela quantidade de horas máquina; e (f) pela quantidade produzida.[12]

Como descrito no Quadro 6.2, esses critérios podem vir associados tanto a um desempenho ocorrido como a um desempenho projetado,[13] incorporando, dessa forma, as economias e deseconomias de escala que estiverem previstas.

---

[12] HORNGREN; FOSTER; DATAR (2000, p. 98).

[13] Quanto ao nível de atividade do ofertante, Hanna e Dodge (1997, p. 60-61) identificaram quatro alternativas: (1) baixo volume ou conservadora; (2) continuidade ou estabilidade; (3) de crescimento ou otimista; e (4) padrão ou histórica.

Quadro 6.2 – Critérios de alocação do *overhead* de produção

Critério de alocação	Custos dos materiais diretos	Custo direto de produção	Quantidade de horas homem	Custos das horas homem	Quantidade de horas máquina	Quandidade produzida
Desempenho ocorrido	Custo realizado dos materiais diretos	Custo direto de produção realizado	Volume de horas homem realizado	Custo realizado das horas homem	Volume de horas máquina realizado	Volume de produção realizado
Desempenho projetado	Custo projetado dos materiais diretos	Custo direto de produção projetado	Volume de horas homem projetado	Custo projetado das horas homem	Volume de horas máquina projetado	Volume de produção projetado

A diferença existente entre esses critérios, cujas peculiaridades encontram-se devidamente detalhadas nas obras de Horngren, Foster e Datar e de Sakurai,[14] pode ser resumida da seguinte forma:

a. Alocação pelo custo dos materiais diretos

Nesta alternativa, os custos indiretos de produção são alocados proporcionalmente ao valor ocorrido ou projetado dos materiais diretos consumidos por cada produto ou serviço.

A aplicação deste critério na fabricação de dois produtos consorciados ocorreria da seguinte forma:

- custos indiretos de produção no período (mão de obra indireta e gastos gerais de produção): R$ 107.000,00;
- custo dos materiais diretos do produto A no período: R$ 76.000,00;
- custo dos materiais diretos do produto B no período: R$ 45.000,00;
- custo total dos materiais diretos no período: R$ 76.000,00 + R$ 45.000,00 = R$ 121.000,00;
- percentual de *overhead* de produção adicionado ao custo do material direto no período: R$ 107.000,00 / R$ 121.000,00 ≈ 88,43%.
- valor do *overhead* de produção adicionado ao custo do material direto do produto A: R$ 76.000,00 * (≈ 88,43)% = R$ 67.206,61.
- valor do *overhead* de produção adicionado ao custo do material direto do produto B: R$ 45.000,00 * (≈ 88,43)% = R$ 39.793,39.

[14] HORNGREN; FOSTER; DATAR (2000, p. 178-225), SAKURAI (1997, p. 92-104).

b. Alocação pelo custo direto

Nesta opção, os custos indiretos de produção são alocados proporcionalmente ao custo direto de produção ocorrido ou projetado, ou seja, à soma dos materiais e mão de obra diretos necessários para a elaboração do objeto de custeio.

A aplicação deste critério na fabricação de dois produtos consorciados é feita da seguinte maneira:

- custos indiretos de produção no período (mão de obra indireta e gastos gerais de produção): R$ 107.000,00;
- custo direto (materiais e mão de obra direta) do produto A: R$ 100.800,00;
- custo direto (materiais e mão de obra direta) do produto B: R$ 60.400,00;
- custo direto total no período: R$ 100.800,00 + R$ 60.400,00 = R$ 161.200,00;
- percentual de *overhead* de produção adicionado ao custo direto de produção no período: R$107.000,00 / R$161.200,00 ≈ 66,38%.
- valor do *overhead* de produção adicionado ao custo direto do produto A: R$ 100.800,00 * (≈ 66,38)% = R$ 66.908,19.
- valor do *overhead* de produção adicionado ao custo direto do produto B: R$ 60.400,00 * (≈ 66,38)% = R$ 40.091,81.

c. Alocação pela quantidade de horas homem

Por este critério alocam-se os custos indiretos de produção em razão da quantidade de horas homem diretas necessárias para a produção de cada produto ou serviço.

Sua aplicação na fabricação de dois produtos consorciados segue os seguintes passos:

- custos indiretos de produção no período (mão de obra indireta e gastos gerais de produção): R$ 107.000,00;
- horas homem diretas necessárias para produzir o produto A: 700 hh;
- horas homem diretas necessárias para produzir o produto B: 1.800 hh;
- total de horas homem (mão de obra direta) no período: 700 hh + 1.800 hh = 2.500 hh;
- participação das horas homem necessárias para produzir o produto A no total de horas homem do período: 700 hh / 2.500 hh = 28%;
- participação das horas homem necessárias para produzir o produto B no total de horas homem do período: 1.800 hh / 2.500 = 72%;
- valor do *overhead* de produção adicionado ao custo do produto A: R$ 107.000,00 * 28% = R$ 29.960,00.
- valor do *overhead* de produção adicionado ao custo do produto B: R$ 107.000,00 * 72% = R$ 77.040,00.

d. Alocação pelo custo das horas homem

Nesta alternativa os custos indiretos de produção são distribuídos proporcionalmente ao valor histórico ou projetado das horas homem diretas necessárias para a produção do objeto de custeio.

Eis uma demonstração de sua aplicação na fabricação de dois produtos consorciados:

- custos indiretos de produção no período (mão de obra indireta e gastos gerais de produção): R$ 107.000,00;
- custo da mão de obra direta (hh) necessária para produzir o produto A: R$ 24.800,00;
- custo da mão de obra direta (hh) necessária para produzir o produto B: R$ 15.500,00;
- custo total da mão de obra direta (hh) no período: R$ 24.800,00 + R$ 15.500,00 = R$ 40.300,00;
- participação do custo da mão de obra direta necessária para produzir o produto A no total do custo da mão de obra direta do período: R$ 24.800,00 / R$ 40.300,00 ≈ 61,54%;
- participação do custo da mão de obra direta necessária para produzir o produto B no total do custo da mão de obra direta do período: R$ 15.500,00 / R$ 40.300,00 ≈ 38,46%;
- valor do *overhead* de produção adicionado ao custo do produto A: R$ 107.000,00 * (≈ 61,54)% = R$ 65.846,15.
- valor do *overhead* de produção adicionado ao custo do produto B: R$ 107.000,00 * (≈ 38,46)% = R$ 41.153,85.

e. Alocação pela quantidade de horas máquina

Seguindo este critério, os custos indiretos de produção são alocados em razão da quantidade histórica ou projetada de horas máquina exigidas para a produção de cada produto ou serviço.

Na fabricação de dois produtos consorciados, seu uso se daria do seguinte modo:

- custos indiretos de produção no período (mão de obra indireta e gastos gerais de produção) = R$ 107.000,00;
- horas máquina necessárias para produzir o produto A = 1000 hm;
- horas máquina necessárias para produzir o produto B = 300 hm;
- total de horas máquina no período: 1.000 hm + 300 hm = 1.300 hm;
- participação das horas máquina necessárias para produzir o produto A no total de horas máquina do período: 1.000 hm / 1.300 hm ≈ 76,92%;

- participação das horas máquina necessárias para produzir o produto B no total de horas máquina do período: 300 hm / 1.300 hm ≈ 23,08%;
- valor do *overhead* de produção adicionado ao custo do produto A: R$ 107.000,00 * (≈ 76,92)% = R$ 82.307,69.
- valor do *overhead* de produção adicionado ao custo do produto B: R$ 107.000 * (≈ 23,08)% = R$ 24.692,31.

f. Alocação pela quantidade produzida

Neste caso, os custos indiretos de produção são alocados proporcionalmente à quantidade produzida ou a produzir no período considerado.

Segue um exemplo de sua alocação na fabricação de dois produtos consorciados:

- custos indiretos de produção no período (mão de obra indireta e gastos gerais de produção): R$ 107.000,00;
- quantidade produzida do produto A no período: 16.000 unidades;
- quantidade produzida do produto B no período: 4.000 unidades;
- quantidade total produzida no período: 16.000 + 4.000 = 20.000 unidades;
- participação da quantidade produzida do produto A na quantidade total produzida no período: 16.000 / 20.000 = 80%;
- participação da quantidade produzida do produto B na quantidade total produzida no período: 4.000 / 20.000 = 20%;
- valor do *overhead* de produção adicionado ao custo do produto A: R$ 107.000 * 80% = R$ 85.600,00.
- valor do *overhead* de produção adicionado ao custo do produto B: R$ 107.000,00 * 20% = R$ 21.400,00.

A escolha do critério de alocação a ser utilizado é feita considerando a disponibilidade de dados, a facilidade de cálculo, a pertinência do critério e o efeito do critério no custo da oferta.

Concomitantemente, é necessário ter em mente que, no caso do critério quantidade produzida, em ambientes de produção que operam com produtos muito distintos entre si não convém estabelecer uma única unidade de medida (*e.g.* quilograma, litro, caixa ou peça) para dimensionar seu nível de atividade.

Até mesmo em empresas que contam com uma unidade comum, como uma fábrica de calçados em que toda a produção é aferida em pares, pode existir essa necessidade. Isso porque a diferença de produtividade entre os itens produzidos (por exemplo, um "tamanquinho casual" e um "sapato estilo Luís XV") é tão grande que o uso dessa unidade comum – o par – implicaria uma séria distorção do custo apropriado.

Uma das soluções para evitar este tipo de distorção é a adoção de direcionadores ou fatores de alocação que distribuam os custos indiretos de acordo com o peso de cada tipo de produto na geração do *overhead*.

6.7.2 *OVERHEAD* CORPORATIVO

Ainda que muitos dos critérios de alocação do *overhead* de produção possam ser utilizados para alocação do *overhead* corporativo, para este último a preferência é por parâmetros relacionados à operação de venda.

Esta preferência se deve ao fato de que, como já vimos, em condições normais de operação existe uma íntima relação entre o esforço de marketing e de gestão que dá causa às despesas indiretas de natureza comercial, financeira e administrativa propriamente dita e ao sucesso das operações do ofertante.

Em congruência com esse raciocínio, compete comentarmos o uso de três critérios de alocação utilizados no custeio por absorção. Esses critérios, combinados com os níveis de atividade ocorrido e projetado, compõem as alternativas de apropriação do *overhead* corporativo dispostas no Quadro 6.3, quais sejam: (a) receita operacional, (b) quantidade vendida e (c) custo de produção.

Quadro 6.3 – Critérios de alocação do *overhead* corporativo

Critério de alocação	Receira	Quantidade	Custo
Desempenho ocorrido	Receita operacional realizada	Volume de venda realizado	Custo de produção realizado
Desempenho projetado	Receita operacional projetada	Volume de venda projetado	Custo de produção projetado

a. Alocação pela receita gerada

Nesta opção, o *overhead* corporativo é distribuído proporcionalmente à receita operacional ocorrida ou projetada de cada objeto de venda. A lógica implícita neste caso é que o esforço de gestão e comercialização dedicado ao objeto de venda guarda relação com a receita por ele gerada.

A Tabela 6.3 dá um exemplo deste modo de alocação em uma indústria de calçados que produz dois modelos femininos: uma sapatilha e uma sandália com salto.

Tabela 6.3 – Alocação do *overhead* corporativo pela receita operacional

Item	Quantidade vendida - par	Custo de produção		Despesas diretas sobre a venda		*Overhead* corporativo		Preço de venda R$/par	Receita operacional		Lucro líquido %
		R$/par	R$	%	R$/par	R$/par	R$		R$	%	
Sapatilha	16.000	10,50	168.000,00	15%	2,25	**1,50**	24.000,00	15,00	**240.000,00**	60%	**5,00**
Sandália com salto	4.000	25,20	100.800,00	15%	6,00	**4,00**	16.000,00	40,00	**160.000,00**	40%	**12,00**
Total	**20.000**		**268.800,00**				**40.000,00**		**400.000,00**		

Nesta opção, como vemos, a sapatilha absorve R$ 1,50 por par de *overhead* corporativo e sua margem líquida fica em 5%, enquanto a sandália com salto absorve R$ 4,00 por par e sua margem atinge 12%.

b. Alocação pela quantidade total vendida

Por este critério, o *overhead* corporativo é alocado em razão da quantidade vendida ou da quantidade de venda projetada. Com isso, todos os produtos passam a arcar com a mesma parcela de despesas indiretas, o que, assim como acontece na alocação do *overhead* de produção, só é indicado para linhas compostas por objetos de venda bastante homogêneos.

A Tabela 6.4 demonstra a alocação do *overhead* corporativo da mesma indústria de calçados, porém usando este critério.

Tabela 6.4 – Alocação do *overhead* corporativo pela quantidade vendida

Item	Quantidade vendida - par	Custo de produção		Despesas diretas sobre a venda		*Overhead* corporativo		Preço de venda R$/par	Receita operacional		Lucro líquido %
		R$/par	R$	%	R$/par	R$/par	R$		R$	%	
Sapatilha	16.000	10,50	168.000,00	15%	2,25	**2,00**	24.000,00	15,00	240.000,00	60%	**1,70**
Sandália com salto	4.000	25,20	100.800,00	15%	6,00	**2,00**	16.000,00	40,00	160.000,00	40%	**17,00**
Total	**20.000**		**268.800,00**				**40.000,00**		**400.000,00**		

Neste caso, tal como previsto, tanto a sapatilha como a sandália com salto passam a absorver o mesmo valor de *overhead* corporativo: R$ 2,00 por par. Já a margem líquida da sapatilha decai para 1,7% enquanto a da sandália com salto cresce para 17%.

c. Alocação pelo custo unitário de produção

Nessa alternativa o *overhead* corporativo é apropriado proporcionalmente ao custo de produção do objeto de venda. De novo considera-se que o esforço de gestão e comercialização guarda relação com o valor do produto ou serviço vendido, porém, desta vez, ao seu custo de produção em lugar da receita gerada.

A Tabela 6.5 serve para demonstrar essa possibilidade.

Tabela 6.5 – Alocação do *overhead* corporativo pelo custo de produção

Item	Quantidade vendida - par	Custo de produção		Despesas diretas sobre a venda		*Overhead* corporativo		Preço de venda R$/par	Receita operacional		Lucro líquido %
		R$/par	R$	%	R$/par	R$/par	R$		R$	%	
Sapatilha	16.000	**10,50**	168.000,00	15%	2,25	**1,56**	25.000,00	15,00	240.000,00	60%	**4,60**
Sandália com salto	4.000	**25,20**	100.800,00	15%	6,00	**3,75**	15.000,00	40,00	160.000,00	40%	**12,60**
Total	20.000		268.800,00				40.000,00		400.000,00		

Assim fazendo, como se vê, a sapatilha passa a arcar com R$ 1,56/par e gerar um lucro líquido de 4,6%; enquanto a sandália com salto passa a absorver R$3,75/par e gerar um lucro líquido de 12,6%.

De mais a mais, tais exemplos evidenciam o quanto o nível de atividade do ofertante, por ser um divisor do custo, pode alterar seus resultados, assim como demonstram a importância da decisão entre alocar o custo com base na quantidade realizada (volume histórico) ou considerando um cenário futuro (volume projetado) sempre que ele for muito diferente do histórico.

Seguindo outro raciocínio, alguns autores dão uma especial ênfase ao custo incremental ou marginal do objeto de venda, ou seja, ao custo de uma unidade adicional isenta dos gastos com *overhead*.[15] Isto porque, argumentam eles, estando o gasto indireto coberto pelo nível de atividade em que a empresa já opera, o custo de uma unidade adicional de produto passa a ser igual ao custo variável dessa unidade.

[15] Segundo Samuelson e Nordhaus (2010, p. 127), o custo marginal corresponde ao custo extra ou adicional para produzir uma unidade a mais de produto.

Logo, qualquer preço de venda superior a esse custo variável trará um resultado positivo para o ofertante. Entretanto, embora esteja correta, essa lógica contém alguns desafios que não podem ser ignorados.

O primeiro deles diz respeito à capacidade instalada do ofertante. Reduções de preço que incrementam as vendas podem exigir um correspondente acréscimo no volume de produção nem sempre factível. Um frigorífico de suínos pode ter alguma capacidade ociosa de abate, porém sua possibilidade de tratamento térmico estar no limite. Outras vezes são os órgãos de controle, a exemplo do Serviço de Inspeção Federal do Ministério da Agricultura, que, por razões sanitárias, não permitem o aumento da produção. E assim por diante.

O segundo desafio tem a ver com a memória de preços. Preços reduzidos para um comprador criam uma referência de preço que se estende ao longo do tempo. Reverter essa situação em outras circunstâncias, especialmente nos casos de compradores com elevado poder de barganha, pode ser difícil ou mesmo impossível.

O terceiro obstáculo nos remete a outros compradores. Clientes originalmente não beneficiados com o preço especial e pressionados pela concorrência podem exigir o mesmo tratamento. A questão por eles levantada passa a ser do tipo "se a farinha de trigo Ipê é vendida por meu concorrente a R$ 2,80/kg e sua margem bruta é de 40%, por que devo pagar R$ 2,30/kg?".

E o quarto desafio refere-se à dificuldade para gerenciar esses preços "mais em conta". Em outras palavras, a partir de que nível de produção e venda o valor do *overhead* poderá ser reduzido? Qual o limite de abatimento a ser concedido por conta da redução da parcela de *overhead* alocada a cada produto? Para quais clientes, por quais vendedores ou em que situações esse desconto especial será concedido? Quem autorizará esses preços e será responsabilizado pelos resultados, favoráveis ou desfavoráveis, obtidos?

Ao mesmo tempo, não passa despercebido que empresas com reduzido montante de despesas indiretas ou operando com grandes volumes, como acontece com muitas empresas norte-americanas e chinesas, malgrado praticarem preços aparentemente muito baixos, são bastante lucrativas.

Em que pesem as restrições aqui apontadas, a precificação com manipulação do *overhead* pode se mostrar viável, especialmente quando faz uso de razões plausíveis e preços que possam ser replicados em idênticas condições de comercialização, tanto para o mesmo como para outros clientes. Evitam-se, com isso, polêmicas internas e obstáculos de monta a serem superados em futuras negociações.

6.8 A MARGEM ZERO

A prática de preços margem zero, isto é, cujo ponto de partida é o lucro unitário igual a zero, pode ser uma boa alternativa para o incremento das vendas, diluição dos custos fixos, redução dos estoques e melhoria da rentabilidade do negócio.

Porém, mesmo tendo essas propriedades, sua adoção precisa levar em conta que:

a) O preço margem zero tende a ser mais vantajoso e de resultado confiável, salvo em especiais circunstâncias, quando houver capacidade ociosa ou estoques exagerados.

b) Em função dos preços mais competitivos que passam a ser praticados, o uso da margem zero costuma promover o aumento do faturamento e do nível de produção e a consequente redução da parcela de gastos com *overhead* alocada a cada objeto de venda. Deste modo, a margem zero que serviu de ponto de partida para cálculo do novo preço se transforma em uma margem positiva, ainda que pequena.

c) O eventual crescimento do nível de atividade patrocinado pelo preço margem zero tenderá a promover, em razão do melhor aproveitamento dos materiais, da mão de obra e das instalações existentes, o aumento da produtividade e a consequente redução do custo do objeto de venda em si, melhorando ainda mais sua rentabilidade.

d) Se o preço menor praticado não for mais que compensado por reduções no custo decorrentes da alteração de preço que for promovida, o resultado da prática da margem zero será neutro ou negativo.

e) Devido à reação dos competidores ou comportamento do mercado comprador, nem sempre a redução do preço resultante do uso da margem zero redunda em aumento das vendas, o que pode eliminar seus possíveis benefícios.

f) A prática da margem zero, assim como ocorre na manipulação do *overhead*, pode trazer alguma dificuldade para outras negociações.

Em suma, é preciso cuidado para que, mesmo havendo capacidade ociosa, estoques exagerados, acréscimo das vendas, aumento da produtividade ou redução de custo, o resultado final da aplicação da margem zero seja positivo e não cause prejuízos a outras negociações relevantes.

CAPÍTULO 7
A prática de preços

A definição do preço é o momento da verdade.

Raymond Corey

7.1 O CÁLCULO DO PREÇO

O método mais utilizado para determinação do preço de venda, como já visto, é o denominado "custo mais margem".

O cálculo do preço com base nessa orientação[1] pode ser uma operação aritmética bastante simples, a exemplo do que ocorre da aplicação do índice de *markup*, mas também uma operação relativamente complexa, como nos casos em que a fórmula empregada contempla vários vínculos entre o preço, a margem e os diferentes componentes do custo do objeto de venda.

Simplificadamente, a relação entre o preço, o custo e a margem da venda de um produto ou serviço é representada pela equação *preço = custo + margem* e pelo gráfico da Figura 7.1.

---

1 Horngren, Datar e Rajan (2012, p. 447) lembram que os preços de venda calculados com base no custo são preços prováveis.

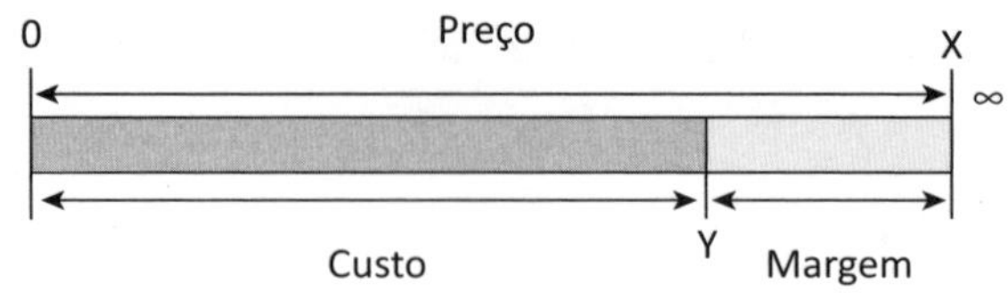

Figura 7.1 – Gráfico do preço.

Essa representação torna fácil perceber uma característica fundamental da relação preço, custo e margem: tanto um deslocamento do eixo Y (divisor entre custo e margem) como do eixo X (preço), em razão dos vínculos existentes, podem alterar seja o custo, seja a margem de um objeto de venda.

Uma alteração do custo modifica a margem da venda sempre que essa alteração não vier acompanhada de uma alteração do preço de venda com a mesma intensidade e sentido, semelhantemente ao que ocorre em uma das situações de estol da margem. É o que demonstra o seguinte exemplo:

	Pré-alteração	Alteração	Pós-alteração
Preço de venda	R$ 100	inalterado	R$ 100
Custo do objeto de venda	R$ 80	acrescido de R$ 10	R$ 90
∴ Margem da venda	R$ 20	reduzida em R$ 10	R$ 10

Uma alteração do preço, por sua vez, modifica a margem sempre que essa variação não for compensada por uma variação do custo do objeto de venda, como se vê nesta hipótese:

	Pré-alteração	Alteração	Pós-alteração
Preço de venda	R$ 100	acrescido de R$ 10	R$ 110
Custo do objeto de venda	R$ 80	acrescido de R$ 5	R$ 85
∴ Margem da venda	R$ 20	acrescida de R$ 5	R$ 25

Já uma alteração do preço modifica o custo e pode alterar a margem do objeto de venda sempre que em sua composição existirem custos que guardem relação com o preço praticado, como ocorre com a comissão e os tributos incidentes sobre a venda, como exposto a seguir.

	Pré-alteração	Alteração	Pós-alteração
Preço de venda	R$ 100	reduzido em R$ 10	R$ 90
Custo do objeto de venda	R$ 80	reduzido em R$ 5	R$ 75
∴ Margem da venda	R$ 20	reduzida em R$ 5	R$ 15

São esses nexos causais e seus desdobramentos que dão origem às expressões matemáticas previstas pela ferramenta de cálculo de preço e margem que estamos dando a conhecer em sequência.

7.2 A FERRAMENTA DE CÁLCULO

A ferramenta apresentada no Quadro 7.1 foi desenvolvida em uma planilha eletrônica de cálculo para dar suporte à gestão dos preços e margens das vendas para o mercado interno de uma indústria de ração pet. Tal origem, contudo, não a impede de ser transposta para outros aplicativos ou utilizada em qualquer tipo de empresa ou linha de produtos.

A função principal dessa ferramenta é calcular o preço e a margem do objeto de venda e informar a respeito de seus principais componentes, de modo a possibilitar uma visão comparativa destes componentes e facilitar sua manipulação.

Para isso, como se pode ver, a planilha dispõe de quatro blocos de informação:

a) **Linha de produtos:** lista todas as famílias e itens de produto a precificar.

b) **Espécies de despesa e parâmetros de custeio:** descreve as despesas diretas e indiretas (contribuição corporativa) incidentes sobre o preço de venda, junto com alguns parâmetros de custeio (*e.g.*, taxa de juros, prazo de pagamento, valor comercializado) que, se necessário, são especificados por canal de venda e tipo de produto.

c) **Custos, preços e margens efetivos:** estas colunas detalham o custo de produção, os preços com e sem o Imposto sobre Produtos Industrializados (IPI), o valor deste imposto e a margem sem IPI, todos efetivos, de cada item de produto.

d) **Preços e margens alvos**: estas colunas especificam os preços e as margens-alvos por produto antes do IPI.

Quadro 7.1 – Planilha de cálculo do preço

Espécie de despesa e parâmetros de custeio	Geral	São Paulo – Pet Shops					
		Incidência p/ tipo de produto					
		Tipo 1	Tipo 2	Tipo 3	Tipo 4	Tipo 5	Tipo 6
PIS (sobre preço sem IPI)							
Cofins (% sobre preço sem IPI)							
ICMS (% sobre preço sem IPI)							
ICMS ST (% sobre preço sem IPI)							
Comissão de venda (% sobre preço sem IPI)							
Frete na entrega (% sobre preço sem IPI)							
Retorno financeiro ao cliente (% sobre preço com IPI)							
Despesa financeira com prazo de pagto. (% sobre preço com IPI)							
Despesas financeiras indiretas (% sobre preço sem IPI)							
Despesas comerciais indiretas (% sobre preço sem IPI)							
Despesas administrativas (% sobre preço sem IPI)							
IPI (% sobre preço sem IPI)							
Valor da comercialização prevista (R$ sem IPI)							
Prazo de pagamento concedido aos clientes (dias)							
Encargos financeiros na captação do capital de giro (% a/m)							

Produto				Custo de produção R$	Alvo (sem IPI)		Preço e margem efetivos			
Código	Descrição		Embalagem		Margem %	Preço R$	Preço R$ sem IPI	IPI R$	Preço R$ com IPI	Margem % sem IPI
	Ração p/ cães Raças pequenas									
101	Ração p/ cães Doguinho	frd	10 x 1 kg							
102	Ração p/ cães Doguinho	sc	8 kg							
103	Ração p/ cães Doguinho	sc	15 kg							
	Ração p/ cães Raças grandes									
201	Ração p/ cães Dog	frd	10 x 1 kg							
202	Ração p/ cães Dog	sc	8 kg							
203	Ração p/ cães Dog	sc	15 kg							
204	Ração p/ cães Dog	sc	25 kg							
	Ração p/ cães Carnes e Vegetais									
301	Ração p/ cães Carnes e Vegetais	frd	10 x 1 kg							
302	Ração p/ cães Carnes e Vegetais	sc	8 kg							
303	Ração p/ cães Carnes e Vegetais	sc	15 kg							

Em que pese o uso dessa configuração, as fórmulas de cálculo nela utilizadas não se acham vinculadas a nenhum dos critérios de apuração de custo, preço e margem (bases de cálculo, métodos de alocação, natureza do custo, valoração dos insumos ou variantes da margem) vistos nos Capítulos 5 e 6.

Mesmo assim, em se tratando de sua implantação e customização, cabem algumas observações.

1. Linha de produtos

Destas colunas devem constar todos os itens da linha de produtos do ofertante entre os quais existem diferenças de custo ocasionadas por algum de seus atributos intrínsecos, como ingredientes, tratamento térmico e embalagem.

Porém, não há necessidade de fazer constar separadamente aqueles itens cujas variações não dão origem a diferenças significativas de custo, a exemplo da cor de determinado produto. Embora para fins de controle de produção, estoque e vendas a cor seja uma característica importante, quando ela tiver um impacto irrelevante no custo do item convém que ele seja considerado junto com os das demais cores. Esse procedimento reduz o tamanho da lista de produtos a precificar, que em certas empresas é composta por milhares de itens.

2. Espécies de despesa e parâmetros de custeio

Este bloco tem a função de indicar os parâmetros de custeio de todas as despesas diretas e indiretas que compõem a contribuição corporativa do ofertante.

Para tanto, nele foram incluídos:

- *PIS – Programa de Integração Social*, cuja alíquota incide sobre o preço de venda sem o IPI e cujo valor deve ser calculado "por dentro".[2]
- *Cofins – Contribuição para o Financiamento da Seguridade Social*, cuja alíquota incide sobre o preço de venda sem o IPI e que também é calculada "por dentro".
- *ICMS (convencional) – Imposto sobre Circulação de Mercadorias e Serviços*, cuja alíquota incide sobre o preço de venda sem o IPI, também "por dentro".
- *ICMS ST – Imposto dobre Circulação de Mercadorias e Serviços por Substituição Tributária*, cujo valor é determinado pelas pautas e alíquotas vigentes em cada unidade da federação.
- *Comissão variável devida ao agente de venda*, incidente sobre o preço de venda sem IPI, valor este também apurado "por dentro".

---

[2] Cálculo "por dentro" é a forma de cálculo que faz com que o próprio acréscimo ou decréscimo desejado faça parte de sua base de cálculo, como acontece na inclusão da margem de lucro de 10% sobre o preço de venda na fórmula *Preço = Custo + 10% Preço.*

- *Frete sobre a entrega*, neste caso específico também calculado por meio de um percentual incidente sobre o preço de venda sem IPI e calculado "por dentro".
- *Retorno financeiro ao cliente condicionado ao pagamento da venda*, cujo percentual deve incidir sobre o preço de venda com IPI, igualmente calculado "por dentro".
- *Despesa financeira direta*, cujo percentual, proporcional ao prazo de pagamento concedido ao cliente e aos encargos financeiros aos quais tal prazo dá origem, deve incidir sobre o preço de venda com IPI e calculado "por dentro".
- *Despesas financeiras indiretas*, cujo percentual representa o montante das despesas financeiras mensais indiretas dividido pelo valor mensal comercializado a incidir sobre o preço de venda sem IPI e com o respectivo valor apurado "por dentro".
- *Despesas comerciais indiretas*, cujo percentual representa o somatório das despesas comerciais mensais indiretas dividido pelo valor mensal comercializado, também a incidir sobre o preço de venda sem IPI e com o respectivo valor apurado "por dentro".
- *Despesas administrativas*, cujo percentual representa o montante das despesas administrativas mensais dividido pelo valor mensal comercializado, de igual modo a incidir sobre o preço de venda sem IPI e com o respectivo valor apurado "por dentro".
- *IPI – Imposto sobre Produtos Industrializados*, cuja alíquota também incide sobre preço de venda sem IPI, porém é calculado "por fora".
- *Valor da comercialização mensal prevista*, em reais sem incluir o IPI, a ser utilizado para calcular a incidência das despesas indiretas.
- *Prazo de pagamento concedido ao cliente*, expresso em dias, a ser utilizado para calcular a despesa financeira direta.
- *Encargos financeiros na captação do capital de giro*, expresso por uma taxa ao mês, também utilizados para calcular a despesa financeira direta incidente sobre cada produto.

3. Custos, preços e margens efetivos

A coluna "Custo de Produção – R$" destina-se a informar o custo efetivo de produção (custo do produto em si) do objeto de venda, o custo efetivo de aquisição de uma mercadoria para revenda ou o custo efetivo de execução de um serviço.

As colunas "Preço e margem efetivos" têm por fim informar o preço a ser praticado e a margem resultante deste preço, por canal de venda, como é o caso do canal "São Paulo – Pet Shops".

Quanto ao preço final, a planilha sugere que ele seja processado e informado ao cliente sem e com a inclusão do IPI, pois esta é uma maneira de o ofertante deixar claro ao comprador que uma parcela significativa do preço que está sendo cobrado – o IPI – está fora de seu domínio.

4. Preços e margens-alvos

Os preços e margens-alvos[3] deste bloco são os preços de venda e as margens de rentabilidade pretendidas para cada item de produto desconsiderando o devido IPI.

Caberá ao usuário desta informação decidir se a planilha deverá, a partir de dado preço, calcular a margem resultante deste mesmo preço ou, a partir de dada margem, calcular o preço necessário para atingir esta mesma margem.

Adicionalmente, vale lembrar que, sempre que este sistema de apuração for implantado em uma planilha eletrônica de cálculo do tipo Excel ou Google Sheets, seu usuário contará com a possibilidade de simular os custos, preços e margens do produto a partir da variação de vários de seus componentes.

7.3 OS PREÇOS DE REFERÊNCIA

O sucesso do *pricing*, conforme exposto no Capítulo 3, não depende somente da competência do ofertante, mas também das circunstâncias de mercado no qual ele se encontra inserido. E uma dessas circunstâncias são os preços usados como referência pelo ofertante, por seus clientes e por seus concorrentes no momento da negociação.

A evolução dos meios de comunicação, especialmente a internet, alterou radicalmente a tarefa de pesquisar preços.[4] Hoje, tanto ofertantes como compradores dispõem de uma infinidade de fontes de informação, o que torna, segundo Ferrell e Hartline, a fixação do preço um verdadeiro desafio.[5]

Há que se considerar, também, que para cada tipo de produto e condição de negociação existem algumas poucas fontes adaptadas às necessidades de informação de quem a procura, entre as quais julgamos oportuno mencionar:

a) *Varejistas*, especialmente redes de supermercados.

b) *Distribuidores/atacadistas* atuantes no ramo de atividade do ofertante.

c) *Corretoras* de commodities agrícolas.

d) *Centrais de abastecimento*, como a Companhia de Entrepostos e Armazéns Gerais de São Paulo (Ceagesp) e demais centrais estaduais (Ceasas).

---

3 Horngren, Foster e Datar (2000, p. 305-306) preferem as expressões preço-meta, custo-meta e lucro operacional-meta por unidade.

4 KOTLER; KELLER (2018, p. 506-508)

5 FERRELL; HARTLINE (2011, p. 21).

e) *Portais de notícias agropecuárias*, como o Canal do Produtor, Notícias Agrícolas, Agrolink e Portal do Agronegócio.

f) *Emissoras de televisão*, como o Canal Rural, AgroMais, TV Terra Viva e Canal do Boi.

g) *Aplicativos de pesquisa na web* de preços ao consumidor (Meu Carrinho, QQCusta, Meus Preços).

h) *Bolsas de mercadorias e de futuros*, a exemplo da B3 – Brasil, Bolsa, Balcão (ex-BM&F Bovespa), da bolsa de Chicago (Chicago Mercantile Exchange – CME) e das bolsas de Nova York (Intercontinental Exchange – ICE, New York Board of Trade – Nybot e New York Mercantile Exchange – Nymex).

i) *Secretarias Estaduais da Fazenda*, por meio das pautas estabelecidas para incidência do ICMS no regime de substituição tributária.

j) *Centros de pesquisa agropecuária*, como o Centro de Estudos Avançados em Economia Aplicada da Universidade de São Paulo (CEPEA/ESALQ/USP) e a Empresa Brasileira de Pesquisa Agropecuária (Embrapa).

k) *Organismos governamentais*, como a Companhia Nacional de Abastecimento (Conab), o Instituto Brasileiro de Geografia e Estatística (IBGE) e o Departamento de Agricultura dos Estados Unidos da América (USDA).

7.4 A ANÁLISE *WATERFALL*

A análise *waterfall* ou em cascata trata da decomposição do preço de venda (ou estrutura do preço) em seus componentes mais significativos. Isso de maneira a possibilitar a identificação do impacto de cada um desses componentes na formação do preço final, além do preço que o cliente está pagando a outros fornecedores.

A técnica utilizada nessa análise consiste no cálculo reverso do preço de venda a partir de dados do próprio ofertante e informações disponíveis no mercado. Por isso ela nem sempre é uma tarefa fácil, porém bastante útil.

Sua abrangência pode ser restrita ou ampliada. A análise *waterfall* restrita se limita ao intervalo entre o preço de lista (*list price*) e o valor embolsado pelo ofertante (*pocket price*). A análise ampliada abrange desde o custo de produção ou de aquisição do ofertante até o preço de oferta ao consumidor final.

A Figura 7.2 apresenta a estrutura do preço de uma camisa casual, masculina, para adultos, decomposta por meio de uma análise *waterfall* ampliada – neste caso, cobrindo a diferença entre o custo de produção de R$ 50,00 e o preço ao consumidor de R$ 130,00.

Em se tratando de um ofertante-produtor, além dos elementos expostos na Figura 7.2, a análise ampliada pode incluir a decomposição de seu próprio *markup* (despesas diretas, despesas indiretas e margem de rentabilidade), o que dificilmente poderá ser feito com o *markup* de seu cliente atacadista ou varejista, dada a dificuldade para dispor de tais dados.

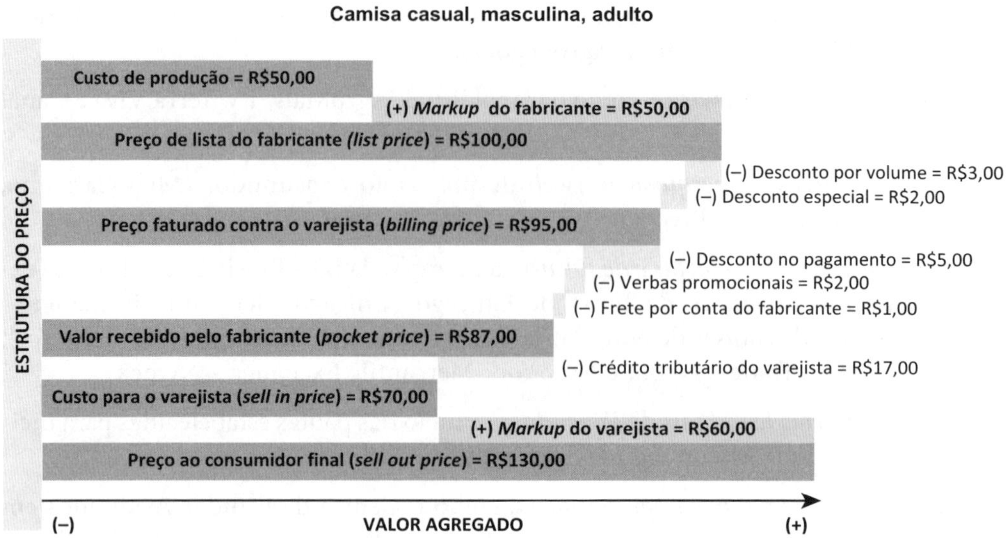

Figura 7.2 – Análise *waterfall* ampliada.

Fonte: adaptada de Nagle, Hogan e Zale (2010, p. 174) e Marn e Rossiello (1992).

Quanto à sua aplicabilidade, ambas as análises são utilizadas para revisar custos e negociar preços. Porém, enquanto a análise *waterfall* restrita tem se mostrado mais útil para questionar os custos do próprio ofertante, a análise *waterfall* ampliada é mais usada para investigar qual o valor que o comprador tem pagado ou está disposto a pagar e, com isso, orientar sua proposta de preço.[6]

Um exemplo do benefício da análise *waterfall* restrita ocorre quando, em decorrência dela, altera-se a condição de entrega da encomenda de CIF para FOB e substitui-se o desconto concedido no pagamento do boleto para desconto no pedido da mercadoria. Com isso tanto o valor do frete como o das despesas diretas incidentes sobre o frete e sobre o desconto no pagamento serão excluídos do custo da encomenda, reduzindo o preço final ou aumentando a margem de rentabilidade.

7.5 A FLEXIBILIDADE DOS PREÇOS

Uma significativa parcela dos bons resultados alcançados pelo ofertante e por seus agentes de vendas está diretamente relacionada à política de flexibilização dos preços com os quais eles operam.

Essa flexibilidade, consubstanciada na estrutura de determinação de preços (*pricing structure*) do ofertante, tem estreita relação com as características de seu setor de

[6] Churchill e Peter (2010, p. 327) rotulam essa prática de "precificação pela demanda para trás".

atividade, as estratégias de marketing e políticas de preços por ele adotadas, os propósitos dos preços fixados e as peculiaridades de cada negociação.

Ocorre que a maioria dos ofertantes tem dificuldade para estabelecer preços apropriados para os diferentes tipos de clientes e condições de mercado. Em função disso, costumam adotar critérios de precificação bastante vagos e abrangentes, fazendo seus preços oscilarem de acordo com as facilidades e obstáculos enfrentados.

Mesmo assim tais critérios existem. E, na prática, são as listas de preços entregues aos agentes de venda e demais operadores de preços que definem o que, quanto e como cobrar em cada tipo de operação. Ou seja, são elas que detalham quais os valores a cobrar, quais as condições de pagamento aceitáveis e quais outras vantagens (descontos, bonificações, verbas promocionais etc.) podem ser concedidas.

Dentre as alternativas de flexibilização de preços mais frequentemente adotadas, uma ou algumas delas combinadas entre si costumam atender as necessidades do ofertante, as preferências de seus clientes e os desafios impostos por seus competidores.

É o que veremos das opções *preços fixos, banda de preços, preços com liberdade vigiada, preços por alçada* e *preços orçados* constantes na Figura 7.3 e descritas em sequência.

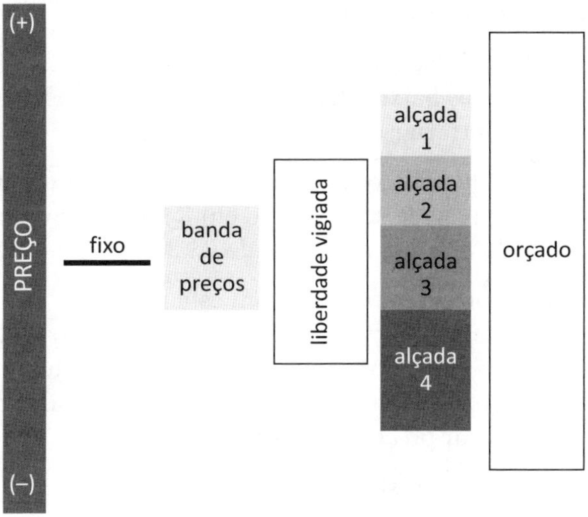

Figura 7.3 – Critérios de flexibilização dos preços.

7.5.1 PREÇOS FIXOS

Na opção "preços fixos", tanto os preços como os descontos e os prazos de pagamento são previamente fixados em função do tipo de produto, tipo de operação, tipo de cliente, incidência tributária, quantidade negociada, condições de entrega ou qualquer outro parâmetro relevante de venda que possa ser previsto.

Essa prática, muito comum no comércio varejista, evita que os itens negociados sofram variações de preços não previstas pelo ofertante e que possam corroer sua rentabilidade. Isso não significa que todos os clientes paguem o mesmo preço, pois preços segmentados – por tipo de cliente e canal de distribuição, por exemplo – podem complementá-la.[7]

Ainda em seu favor, Hinterhuber argumenta que a política de preços fixos incentiva o pessoal de vendas a voltar-se para o valor do objeto de venda em lugar de seu preço.

No que diz respeito à sua aplicação, Nagle e Holden sugerem que ela permaneça restrita aos produtos e serviços diferenciados, mantendo o preço negociável para as commodities.[8]

7.5.2 BANDA DE PREÇOS

A política de "bandas de preço" (*price bands*) impõe limites de preços preestabelecidos para diferentes tipos de negociação.[9]

Essa peculiaridade permite que, desde que o preço a ser praticado esteja entre o limite superior (maior preço) e o limite inferior (menor preço) autorizados para um determinado tipo de operação, espécie de cliente ou objeto de venda, o próprio agente de vendas ou software de precificação o defina.

A vantagem dessa modalidade, a exemplo da de preços fixos, é evitar que sejam realizadas vendas com preços baixos demais, bem como impedir a prática de preços muito altos que possam contrariar clientes e atrair concorrentes.

Até mesmo ofertantes que desconhecem o termo "banda de preços" a utilizam. Quando um gestor fixa o preço de seu produto em R$ 40,00 com um desconto máximo de 10%, está utilizando a banda de preços de R$ 36,00 a R$ 40,00.

Por outro lado, não é correto supor que com esta política o agente de vendas tenderá a utilizar o preço mínimo permitido para facilitar seu trabalho e incrementar suas vendas. Como a maior parte dos vendedores tem sua remuneração, ou ao menos parte dela, estabelecida com base em um percentual sobre o valor da venda, ele também terá interesse em praticar preços avantajados.

Isso sem contar que, para desestimular a prática de preços "mais em conta para o cliente", essa modalidade de precificação pode ser associada a uma política de comissão variável ou de premiação por metas, de modo que quanto maior for o preço praticado, maior será a remuneração do agente.[10]

---

7 HINTERHUBER (2004).

8 NAGLE; HOLDEN (2003, p. 95).

9 A política de banda de preços ou banda cambial é utilizada no mercado de moedas estrangeiras como alternativa às políticas de câmbio flutuante e câmbio fixo (WONNACOTT; WONNACOTT, 1994, p. 449-474).

10 KOTLER; KELLER (2018, p. 712-713).

7.5.3 PREÇOS COM LIBERDADE VIGIADA

Nesta opção, a decisão do preço de venda, desconto concedido e prazo de pagamento é delegada ao agente vendedor.

Nesse caso, por razões de segurança, as operações de cada agente costumam ser monitoradas de forma a impedir a reincidência de decisões de preço equivocadas. Isso sem perder de vista que o mais importante é que suas metas de desempenho (volume de venda, preço médio, prazo médio e rentabilidade) sejam atingidas.

Ademais, a exemplo da modalidade "banda de preços", essa opção também pode vir associada a uma política de comissão variável e premiação por desempenho.

7.5.4 PREÇOS POR ALÇADA

Nesta modalidade preços, descontos e prazos de pagamento praticados dependem da posição do integrante da cadeia decisória da empresa.

A alçada ou intervalo de competência desse integrante costuma ser determinada por seu nível hierárquico. Quanto mais elevado for esse nível, maior será sua autoridade para estabelecer preços e condições de negociação diferentes das usuais.

Nagle, Hogan e Zale dão como exemplo de alçadas o desconto de até 5% que pode ser concedido pelo representante comercial, de até 15% pelo gerente regional e de até 25% pelo vice-presidente de vendas.[11]

Outros exemplos dessas alçadas são os níveis "representante comercial/gerente de vendas/diretor comercial" e "vendedor/supervisor de vendas/gerente comercial/diretor de marketing".

O sistema de alçadas possui a vantagem de transferir as decisões de maior impacto para níveis hierárquicos com maior poder e responsabilidade sobre os resultados obtidos, ao mesmo tempo que impede que negociações relevantes sejam inviabilizadas pela rigidez das condições existentes.

7.5.5 PREÇOS ORÇADOS

Preços orçados são aqueles utilizados nas encomendas de produtos e serviços personalizados ou em condições atípicas de oferta.

Essa modalidade de precificação é comum em setores como o de rótulos e etiquetas adesivas, no qual cada encomenda exige insumos (matriz de corte, tipo de papel, espécie de adesivo, substrato, quantidade de cores) e acabamento customizados, cujos custos, concatenados com o porte do pedido, são essenciais para determinar o preço da oferta.

---

[11] NAGLE; HOGAN; ZALE (2010, p. 96).

Quanto à orçamentação em si, se o agente de venda possuir treinamento adequado, é ele mesmo quem elabora o orçamento e define o preço a ser praticado. Caso contrário, essa tarefa fica a cargo de um profissional ou setor de orçamento do ofertante.

De resto, é oportuno lembrar que a maioria das empresas brasileiras parece preferir um sistema misto em que mais de uma modalidade de precificação é usada ao mesmo tempo.

7.6 TÁTICAS USUAIS DE PREÇOS

As táticas de precificação do objeto de venda, como visto no Capítulo 2, são linhas de ação de pequena envergadura, mais frequentemente de curta duração, que utilizam o preço como recurso predominante e que têm por objetivo tanto atrair clientes como promover o sucesso das negociações.

Uma vez definidas a estratégia de marketing e as políticas de preços do ofertante, compete ao gestor de preços propor, aprovar e motivar o uso das táticas supostamente mais eficazes para o alcance desse objetivo.

As várias táticas usuais de preços relacionadas a seguir estão classificadas, exceto as lícitas e ilícitas, seguindo a mesma abordagem do tópico "Táticas de preços orientadas para a negociação", em (a) proativas, (b) reativas, (c) de preços sustentados, (d) de preços suplementados, (e) de preços estáveis e (f) de preços flexíveis.

No que diz respeito a essa classificação, convém lembrar que uma mesma tática pode ser enquadrada em mais de uma destas categorias. O preço tabelado, por exemplo, é uma tática de preço estável e também de preço sustentado. Já o preço promocional é uma tática de preço flexível e também reativa. E assim por diante.

7.6.1 TÁTICAS DE PREÇOS PROATIVAS

Preço com acréscimo na quantidade ofertada (*bogof price*): preço definido para ofertas com acréscimo na quantidade padrão de forma a ser percebido como uma vantagem, a exemplo do que ocorre nas promoções do tipo "pague 2, leve 3".

Preço clique e retire (*click & collect price*): preço comumente vantajoso para compras pela internet que oferece a possibilidade de retirar o produto adquirido em um dos pontos de venda do ofertante.

Preço baixo todo dia (*every day low price*): prática regular de preços baixos que subentende a não concessão de descontos adicionais.

Preço de liquidação (*discount price*): preço praticado para reduzir estoques, desfazer-se de itens problemáticos, encerrar atividades ou simplesmente gerar vendas adicionais.

Preço de penetração (penetration price): preço reduzido utilizado no lançamento de um produto ou para penetração em novos mercados, mas que também pode ser uma aposta nos ganhos de escala a serem obtidos com o incremento das vendas.

Preço com inclusão de item de cortesia (price with complimentary item): preço que inclui um item de cortesia que represente um atrativo, conveniência ou vantagem para o cliente, como um complemento do produto, uma utilidade doméstica ou um minibrinquedo.

Preço com vantagem financeira (price with monetary advantage): preço que inclui uma vantagem monetária destinada a atrair e fidelizar clientes, como cupons de premiação, descontos progressivos, reembolsos (*cashback*) e alongamento do prazo de pagamento.

Preço psicológico (psychological price): preço destinado a oferecer ao comprador uma vantagem somente insignificante ou aparente, como acontece nos preços com centavos a menos (*odd prices*), nos preços menores de produtos com menor quantidade e nos anúncios do preço de apenas uma fração do produto.

7.6.2 TÁTICAS DE PREÇOS REATIVAS

Preço ancorado (anchored price): preço vantajoso de produto exposto ao lado de outro similar, este último com preço mais elevado.

Preço de barganha (bargain price): preço que varia em função da barganha exercida pelo comprador, cujo ponto de partida é um preço superior ou resultante da aplicação de uma margem de rentabilidade bastante folgada e que em seu extremo oposto é limitado por um valor mínimo.

Preço condicional (contingency price): preço que depende do atendimento de condições específicas da oferta, por exemplo, percentual de impurezas contidas no produto, rendimento do insumo ou prazo de entrega da encomenda.

Preço customizado ou personalizado (customized price): preço que é determinado em função de alteração das características do produto, da garantia de qualidade, do acondicionamento da oferta e da condição de entrega, entre outras, visando atender exigências específicas e às vezes inusitadas do cliente.

Preço dinâmico (dynamic price): preço flexível determinado por um dispositivo de controle automatizado, normalmente um software de precificação dinâmica que, para tanto, considera os custos existentes, a margem de lucro desejada, a demanda corrente e as ofertas dos competidores.

Preço equiparado (matching price): preço que é equiparado ao de um concorrente sempre que o comprador provar que possui uma oferta do mesmo produto com um preço inferior.

Preço sob demanda (on demand price): preço definido em função da demanda no curto prazo e que busca maximizar a receita e/ou a rentabilidade e não perder vendas

Preço alinhado (*parity price*): preço estabelecido em paridade com o preço médio de mercado ou de um competidor específico.

Preço predatório (*predatory price*): preço bastante reduzido destinado a alterar ou eliminar uma prática de preços ou atividade de um concorrente, tática esta que pode ser considerada ilegal e cuja sustentação depende da capacidade financeira do ofertante.

Preço de combate (*retaliatory price*): preço reduzido utilizado para confrontar ofertas concorrentes.

7.6.3 TÁTICAS DE PREÇOS SUSTENTADOS

Preço comparativamente menor (*down selling price*): preço comparativamente menor do que os preços de produtos similares oferecidos pelo mesmo vendedor, assim definido para atrair compradores para essa oferta com preço "mais em conta".

Preço para e-commerce (e-commerce price): preço comumente reduzido graças às despesas que são eliminadas e à agressividade dos competidores nessa modalidade de venda e que é, via de regra, segmentado por público-alvo com base nas informações disponibilizadas pelos navegadores e outros dispositivos da internet.

Preço por região (*geographic price*): precificação por área geográfica levando em conta as oportunidades de mercado, os custos de distribuição, as diferenças tributárias e os preços dos competidores na região visada.

Preço alto-baixo alternado (*high-low price*): prática de preços altos e baixos por períodos de tempo alternados, de forma a capturar sobrepreços nos períodos de alta e promover vendas nos períodos de baixa.

Preço prêmio (*premium price*): preço superior praticado pelo ofertante em determinadas circunstâncias, mercados ou produtos, justificado pela utilidade, originalidade, qualidade, reputação, volume demandado ou em razão de serviços que acompanham o produto.

Preço de oferta pública (*public sales price*): preço que é definido por meio de oferta ao público em geral ou a um grupo específico de interessados e que, no mais das vezes, é limitado por um preço mínimo.

Preço de desnatamento (*skimming price*): prática caracterizada pela utilização de sobrepreços em produtos inovadores, muito diferenciados ou de alto prestígio com o objetivo de capturar ganhos antes que sua vantagem competitiva seja anulada pela ação dos concorrentes.

Preço comparativamente maior (*up selling price*): preço comparativamente maior do que os preços de outros produtos menos sofisticados oferecidos pelo mesmo ofertante, assim definido para atrair compradores para essa oferta de maior valor agregado.

7.6.4 TÁTICAS DE PREÇOS SUPLEMENTADOS

Preço isca (*bait price*): preço diminuto destinado a atrair o comprador para o ponto de venda ou para a abertura de um pedido de venda com o propósito subjacente de que, a partir daí, ele venha a se interessar por outras ofertas.

Preço de pacote ou de conjunto (*bundling price*): preço de dois ou mais itens combinados, justificados por sua complementaridade, oportunidade da compra, vantagem do preço conjunto ou pela "oferta grátis" de um de seus componentes.

Preço de partida (*captive price*): precificação do produto ou serviço considerando sua configuração básica, utilizando um valor mínimo e apostando na possibilidade de o cliente adquirir – por necessidade, conveniência ou impulso – junto com o item principal, itens complementares e de maior rentabilidade.

Preço compensado (*complementary price*): acréscimo ou redução do preço de um produto ou serviço a ser compensado pela redução ou acréscimo de outro que o complementa, a exemplo do preço de uma refeição e da bebida que a acompanha e do preço de uma cafeteira automática e das cápsulas de café que utiliza.

Preço de referência (*reference price*): preço especial de oferta destinado a servir de referência e atrair compradores para um ponto de venda ou tipo de produto.

7.6.5 TÁTICAS DE PREÇOS ESTÁVEIS

Preço tabelado (*fixed price*): preço previamente estabelecido que deve ser respeitado pelos agentes de venda, sob pena de as encomendas a que se referem serem rejeitadas. Destina-se a evitar variações nos preços negociados, garantir a rentabilidade desejada e atender às imposições das autoridades competentes.

Preço mínimo (*minimum price*): preço que serve para balizar o desconto máximo que pode ser concedido sobre o preço de lista ou de partida e garantir uma margem mínima de contribuição do produto para a cobertura de custos fixos e rentabilização do negócio.

Preço de prestígio (*prestige price*): preço elevado utilizado para diferenciar e/ou dar prestígio ao produto ou marca do ofertante.

Preço escalonado (*tier price*): preço definido para distintas configurações do mesmo produto, por exemplo, com algum acessório, com funções adicionais ou por tipo de embalagem.

Preço por volume (*volume price*): preço definido em função das quantidades negociadas, de forma que os ganhos com economias de escala compensem o desconto concedido.

7.6.6 TÁTICAS DE PREÇOS FLEXÍVEIS

Preço com base no custo incremental (*marginal cost price*): preço bastante competitivo atribuído a um produto ou serviço para uso em mercados secundários ou em condições extraordinárias de negociação que leva em conta seu custo incremental.

Preço de licitação (*bidding price*): preço de oferta de bens e serviços que devam observar as exigências estabelecidas em edital e nos regulamentos que regem o fornecimento a órgãos e entidades públicas.

Preço de lista (*list price*): preço definido pelo ofertante para padronizar o preço de oferta, admitindo, porém, a concessão de descontos especiais dependendo do cliente, do volume, da contrapartida oferecida pelo comprador ou das condições de mercado existentes.

Preço flutuante (*floating price*): preço que pode variar até a data da entrega do produto ou de seu pagamento em função de algum parâmetro previamente fixado, como taxa de câmbio, cotação em bolsa de mercadorias ou juros no período considerado.

Preço futuro (*future price*): precificação resultante da expectativa de preço de um bem em data futura, especialmente nas bolsas de mercadorias e de futuros e mercados a termo, utilizada tanto para garantir preços de compra ou de venda como para auferir ganhos especulativos.

Preço para evento (*event price*): preço normalmente bem acima do usual praticado em eventos especiais. Leva em consideração o custo envolvido, a demanda provável e os valores passíveis de serem cobrados.

Preço "pague quanto quiser" (*pay-what-you-want price*): preço que é estabelecido pelo próprio comprador e utilizado pelo ofertante para atrair clientes e descartar estoques sem movimentação, obsoletos ou muito desvalorizados.

Preço promocional ou de oferta (*promotional price*): preço reduzido, costumeiramente acompanhado de grande divulgação, utilizado por um período determinado ou para uma quantidade limitada, e destinado a promover vendas, gerar fluxo de caixa e reduzir estoques.

Preço sazonal (*seasonal price*): preço determinado pelo período da oferta, a exemplo do preço das flores no Dia dos Namorados, do preço dos pescados no período de Finados e do preço dos ovos no período que antecede a Páscoa.

Por fim, cabe salientar que todas essas alternativas de precificação não as esgotam, pois constantemente surgem novos arranjos que acrescentam vantagens competitivas, reais ou imaginárias, que seduzem clientes e desbancam concorrentes. Por isso mesmo é importante que o esforço de inovação do ofertante se estenda também a esse tipo de intervenção.[12]

---

[12] HINTERHUBER; LIOZU (2014).

7.7 A AVALIAÇÃO PÓS-VENDA

A avaliação pós-venda dos preços praticados tem caráter profilático.

Por esse motivo, deve envolver não apenas as negociações questionáveis ou polemizadas, mas todas as operações realizadas.

Para tanto, quer fazendo uso de uma abordagem *top-down,* isto é, partindo dos indicadores mais genéricos para os mais específicos, quer utilizando o recurso de filtros de pesquisa, é oportuno que este tipo de avaliação cubra, junto com o volume negociado, o preço e a rentabilidade por tipo de produto, por área geográfica, por canal de distribuição, por agente de venda, por tipo de negociação, por cliente e até mesmo por ação promocional.

Igualmente importante é que seu propósito não seja punir os faltosos, e sim corrigir os desvios ocorridos e aperfeiçoar as práticas em curso.

Lista de figuras, quadros e tabelas

Capítulo 1

Capítulo 2

Referências

AAKER, David A. *Administração estratégica de mercado.* Porto Alegre: Bookman, 2007.

AAKER, David A. *Criando e administrando marcas de sucesso.* São Paulo: Futura, 1996.

AKERLOF, George A. The market for "lemons": quality uncertainty and the market mechanism. *The Quarterly Journal of Economics*, The MIT Press, v. 84, n. 3, p. 488-500, Aug. 1970.

ALEXANDRATOS, Nikos; BRUINSMA, Jelle. *World Agriculture Towards 2030/2050: the 2012 revision.* Rome: FAO, 2012. Disponível em: http://www.fao.org/3/a-ap106e.pdf. Acesso em: 26 jan. 2022.

ALLORA, Franz; ALLORA, Valerio. *'UP' – Unidade de medida da produção.* São Paulo: Pioneira, 1995.

ANAC. Agência Nacional de Aviação Civil. *Anacpédia.* s. d. Disponível em: https://www2.anac.gov.br/anacpedia/por_ing/tr1874.htm. Acesso em: 27 maio 2021.

ANTUNES, Luciano M.; ENGEL, Arno. *Manual de administração rural: custo de produção.* 3. ed. Guaíba: Editora Agropecuária, 1999.

ARAÚJO, Mossilon J. *Fundamentos do agronegócio.* 2. ed. São Paulo: Atlas, 2009.

AVLONITIS, George J.; INDOUNAS, Kostis A. Pricing objectives and pricing methods in the services sector. *Journal of Services Marketing*, Bingley, v. 19, n. 1, p. 47-57, 2005.

B3. Brasil, Bolsa, Balcão. Futuro de soja com liquidação financeira. s. d. Disponível em: https://www.b3.com.br/pt_br/produtos-e-servicos/negociacao/commodities/ficha-do-produto-8AE490CA6D41D4C7016D45F3CBBA3977.htm. Acesso em: 14 fev. 2019.

BAKER, Michael J. (ed.). *Administração de marketing.* Rio de Janeiro: Elsevier, 2005.

BAKER, Walter L.; MARN, Michael V.; ZAWADA, Craig C. *Building a better pricing infrastructure.* McKinsey & Company, ago. 2010. Disponível em: https://www.mckinsey.com.br/~/media/McKinsey/Business%20Functions/Marketing%20and%20Sales/Our%20Insights/Building%20a%20better%20pricing%20infrastructure/Building%20a%20better%20pricing%20infrastructure.pdf. Acesso em: 26 jan. 2022.

BANCO CENTRAL DO BRASIL. *Preços administrados.* Brasília: BCB Gerin, 2016. (Série perguntas mais frequentes)

BANCO DO BRASIL. *Agronegócios.* Disponível em: https://www.bb.com.br/pbb/pagina-inicial/agronegocios#/. Acesso em: 15 maio 2019.

BATALHA, Mário Otávio (coord.). *Gestão agroindustrial: Grupo de Estudos e Pesquisas Agroindustriais.* 3. ed. São Paulo: Atlas, 2016. v. 1.

BENNETT, Peter D.; KASSARJIAN, Harold H. *O comportamento do consumidor.* São Paulo: Atlas, 1975.

BERNARDI, Luiz Antonio. *Formação de preços: estratégias, custos e resultados.* 5. ed. São Paulo: Atlas, 2017.

BERTÓ, Dalvio; BUELKE, Rolando. *Gestão de custos.* 3. ed. São Paulo: Saraiva, 2013.

BESSA, Lígia de Oliveira Franzosi. *Modelo de referência para exportação de alimentos para a União Europeia.* 2016. Tese (Doutorado em Engenharia) – Universidade Tecnológica Federal do Paraná (UTFP), Curitiba, 2016. Disponível em: http://repositorio.utfpr.edu.br/jspui/bitstream/1/2509/1/CT_PPGEM_D_Bessa%2C%20Ligia%20de%20Oliveira%20Franzosi_2016.pdf. Acesso em: 26 jan. 2022.

BNDES. Banco Nacional de Desenvolvimento Econômico e Social. Financiamento. BNDES. Apoio à agroindústria. Disponível em: https://www.bndes.gov.br/wps/portal/site/home/financiamento/produto/bndes-apoio-agroindustria/!ut/p/z1/jY9B-DoIwFETP4gFIP7QoLEmDFKwBRCN2Y2oQbKItAXTh6SXGrejsfvJm_gwS-qERCy4dq5KCMltfxPoj5cZFHlAXE5hG3Hch3XpYXHsMpJWj_BuCLAkDiH_8EIKbjk18PxgVOt6brBolWDhdL6dqg8qSrc2_J1ihjyaYzSlf3fuiUHAuJd2Tic-cp8AhyWGxeCbLvBIUkwFM4H4P4qZCQFnsY4hIBR7pJwZUc-_gATrdvbrnzyuoi-b2ewF78fYcw!!/dz/d5/L2dBISEvZ0FBIS9nQSEh/. Acesso em: 31 dez. 2021.

BOMFIM, Eunir de Amorim; PASSARELLI, João. *Custos e formação de preços.* 5. ed. São Paulo: IOB, 2008.

BORNIA, Antonio Cezar. *Análise gerencial de custos.* 2. ed. São Paulo: Atlas, 2009.

BRASIL. Lei Complementar n. 63, de 11 de janeiro de 1990a. Transferência de Créditos Tributários. Disponível em: http://www.planalto.gov.br/ccivil_03/leis/lcp/lcp63.htm. Acesso em: 5 maio 2021.

BRASIL. Lei Complementar n. 116, de 31 de julho de 2003. ISSQN. Disponível em: https://www.planalto.gov.br/ccivil_03/leis/lcp/lcp116.htm. Acesso em: 5 maio 2021.

BRASIL. Lei n. 8.078, de 11 de setembro de 1990b. Código de Defesa do Consumidor. Disponível em: http://www.planalto.gov.br/ccivil_03/leis/l8078.htm. Acesso em: 26 jan. 2022.

BRASIL. Lei Complementar n. 70, de 30 de dezembro de 1991. Cofins. Disponível em: http://www.planalto.gov.br/ccivil_03/leis/lcp/lcp70.htm. Acesso em: 5 maio 2021.

BRASIL. Lei n. 8.666, de 21 de junho de 1993. Lei das Licitações. Disponível em: http://www.planalto.gov.br/ccivil_03/leis/l8666cons.htm. Acesso em: 26 jan. 2022.

BRASIL. Lei n. 8.884, de 11 de junho de 1994. Lei Antitruste. Disponível em: http://www.planalto.gov.br/ccivil_03/Leis/L8884.htm. Acesso em: 26 jan. 2022.

BRASIL. Lei n. 9.430, de 27 de dezembro de 1996. Tributação Pessoa Jurídica. Disponível em: http://www.planalto.gov.br/ccivil_03/leis/l9430.htm. Acesso em: 26 jan. 2022.

BRASIL. Medida Provisória n. 2.158-35, de 30 de novembro de 2001. Alterações Cofins, PIS/Pasep e Imposto de Renda. Disponível em: http://www.planalto.gov.br/ccivil_03/mpv/2158-35.htm. Acesso em: 5 maio 2021.

BRASIL. Lei n. 10.520, de 17 de julho de 2002. Lei dos Pregões. Disponível em: http://www.planalto.gov.br/ccivil_03/leis/2002/l10520.htm. Acesso em: 26 jan. 2022.

BRASIL. Lei n. 12.462, de 4 de agosto de 2011a. Regime Diferenciado de Contratações Públicas. Disponível em: https://www2.camara.leg.br/legin/fed/lei/2011/lei-12462-4-agosto-2011-611147-publicacaooriginal-133305-pl.html. Acesso em: 05 maio 2021.

BRASIL. Lei n. 12.529, de 30 de novembro de 2011b. Lei de Defesa da Concorrência. Disponível em: http://www.planalto.gov.br/ccivil_03/_ato2011-2014/2011/lei/l12529.htm. Acesso em: 26 jan. 2022.

BRASIL, Lei n. 14.133, de 1º de abril de 2021. Lei de Licitações e Contratos Administrativos. Disponível em: http://www.planalto.gov.br/ccivil_03/_ato2019-2022/2021/lei/L14133.htm. Acesso em: 12 jan 2022.

BRASIL. MRE. Ministério das Relações Exteriores. Divisão de Programas de Promoção Comercial. Exportação Passo a Passo. Brasília: MRE, 2011c.

BR INDEED.com. Analista de pricing. *BR Indeed.com*, s. d. Disponível em: https://www.indeed.com.br/empregos?q=Vaga%20Analista%20Pricing&l=S%C3%A3o%20Paulo&vjk=6668aaba740bd3f0. Acesso em: 26 jan. 2022.

CALLADO, Antônio André Cunha (org.). *Agronegócio*. 2. ed. São Paulo: Atlas, 2009.

CEPEA. Centro de Estudos Avançados em Economia Aplicada. Export/CEPEA: Volume e faturamento com exportações do agro em 2020 são recordes. *CEPEA/ESALQ/USP*, 26 jan. 2021. Disponível em: https://cepea.esalq.usp.br/br/releases/export-cepea-volume-e-faturamento-com-exportacoes-do-agro-em-2020-sao-recordes.aspx. Acesso em: 10 maio 2021.

CEPEA. Centro de Estudos Avançados em Economia Aplicada. PIB do Agronegócio Brasileiro. *CEPEA/ESALQ/USP*, 20 dez. 2022. Disponível em: https://www.cepea.esalq.usp.br/br/pib-do-agronegocio-brasileiro.aspx. Acesso em: 10 maio 2021.

CEPEA. Centro de Estudos Avançados em Economia Aplicada. Mercado de trabalho do agronegócio. *CEPEA/ESALQ/USP*, s. d. Disponível em: https://www.cepea.esalq.usp.br/br/mercado-de-trabalho-do-agronegocio.aspx. Acesso em: 10 maio 2021.

CEAGESP. Companhia de Entrepostos e Armazéns Gerais de São Paulo. Seção de Economia e Desenvolvimento. *Sazonalidade dos produtos comercializados no ETSP*. s. d. Disponível em: http://www.ceagesp.gov.br/wp-content/uploads/2015/05/produtos_epoca.pdf. Acesso em: 26 jan. 2022.

CHANDRASEKARAN, M. (ed.). *Valorization of food processing by-products*. Boca Raton: CRC Press, 2013.

CHAPAGAIN, A.K.; HOEKSTRA, A.Y. The water footprint of coffee and tea consumption in the Netherlands. *Ecological Economics*, Amsterdam, Elsevier, v. 64, n. 1, p. 109-118, Oct 2007.

CHRISTENSEN, Clayton M. *The innovator's dilemma: the revolutionary book that will change the way you do business*. New York: Harper Business, 2011.

CHURCHILL JR.; Gilbert A.; PETER J. Paul. *Marketing: criando valor para os clientes*. São Paulo: Saraiva, 2010.

CNA. Confederação da Agricultura e Pecuária do Brasil. *Panorama do agro*. Nov. 2021. Disponível em: https://www.cnabrasil.org.br/cna/panorama-do-agro. Acesso em: 24 nov. 2021.

COBRA, Marcos. *Administração de marketing no Brasil*. Rio de Janeiro: Elsevier, 2015.

COELHO, Fabiano Simões. *Formação estratégica de precificação: como maximizar o resultado das empresas*. 2. ed. São Paulo: Atlas, 2009.

COOPER, Robin; KAPLAN, Robert S. Measure costs right: make the right decision. *Harvard Business Review*, v. 66, n. 5, p. 96-103, Sept.-Oct. 1988.

CRAWFORD, I. M. *Agricultural and food marketing management*. Rome: FAO, 1997. Disponível em: http://www.fao.org/3/w3240e/W3240E00.htm#TOC. Acesso em: 26 jan. 2022.

CREPALDI, Silvio Aparecido. *Contabilidade rural*. 2. ed. São Paulo: Atlas, 1998.

CUDDY, Alice. George Floyd: Five pieces of context to understand the protests. *BBC News*, 5 jun. 2020. Disponível em: https://www.bbc.com/news/world-us-canada-52904593. Acesso em: 7 jul.2020.

CVM. Comissão de Valores Mobiliários. OfícioCircular/CVM/SNC/SEP n. 01/2006, 22 fev. 2006. Disponível em: http://conteudo.cvm.gov.br/legislacao/oficios-circulares/snc-sep/oc-snc-sep-0106.html. Acesso em: 17 maio 2021.

DAVIS, John. H.; GOLDBERG, Ray A. *A concept of agribusiness.* Boston: Harvard University, 1957.

DESA/ONU. Department of Economic and Social Affairs. Organização das Nações Unidas. *Probabilistic Population Projections based on the World Population Prospects 2019.* s. d. Disponível em: https://population.un.org/wpp/Download/Probabilistic/Population/. Acesso em: 22 abr. 2020.

DORFMAN, Robert. *Preços e mercados.* Rio de Janeiro: Zahar, 1969.

DORNELAS, José. *Plano de negócios: seu guia definitivo.* Rio de Janeiro: Elsevier, 2011.

DRUCKER, Peter F. *Introdução à administração.* 3. ed. São Paulo: Pioneira, 1998.

DRUCKER, Peter F. *Management: tasks, responsibilities, practices.* New York: Truman Talley, 1986.

ECKHARD, Claudio Luiz. *A empresa saudável: tendências da gestão.* Porto Alegre: Artebiz, 2016.

ECKHARD, Claudio Luiz. *Gestão pela margem: o management dos negócios orientado para a otimização das margens.* Rio de Janeiro: Qualitymark, 2003.

EDWARDS, Mark R.; SHULTZ II, Clifford J. Reframing agribusiness: moving from farm to market centric. *Journal of Agribusiness,* v. 23, n. 1, p. 57-73, Spring 2005.

ERNBERGER JR., Richard. Wal-Mart world. *Newsweek*, New York, v. CXXXIX, p. 36-40, May 20, 2002.

EXAME Melhores e Maiores 2018: as 1000 maiores empresas do Brasil. *Revista Exame Edição Especial*, São Paulo, ano 45, 22 ago. 2018.

EXAME Melhores e Maiores 2019: as 1000 maiores empresas do Brasil. *Revista Exame Edição Especial*, São Paulo, ano 46, 5 set. 2019.

EXAME Melhores e Maiores 2021: as 1000 maiores empresas do Brasil. *Exame*, São Paulo, 2021. Disponível em: https://mm.exame.com/maiores-empresas/. Acesso em: 2 jun. 2022.

FAO/ONU. Food and Agriculture Organization. Organização das Nações Unidas. *Food losses and wastes in Latin America and the Caribbean.* Rome: FAO-UN, 2014. Disponível em: https://www.fao.org/3/i4655e/i4655e.pdf. Acesso em: 26 jan. 2022.

FERRELL, O. C.; HARTLINE, Michael D. *Marketing strategy.* 5. ed. Mason: Cengage Learning, 2011.

GANHE MAIS – Ranário Ranajax. Publicado pelo canal Tvbomnegocio. Apresentação: Brígida Mota. [*S. l.*: *s. n.*], 2012. 1 vídeo (22 min). Disponível em: https://www.youtube.com/watch?v=9YAHWqbrFec&list=LLwsl8nb-0XABQgcavTdlFYQ&index=251. Acesso em: 06 mar. 2023.

GARCIA, Othon Moacyr (ed.). *Pequeno dicionário enciclopédico Koogan Larousse.* Rio de Janeiro: Larousse, 1984.

GITMAN, Lawrence J. *Princípios de administração financeira*. São Paulo: Pearson, 2010.

GUEDES, Gabriel. Greve de caminhoneiros colocou Petrobras em xeque e expôs dependência rodoviária. *Brasil Econômico*, 19 dez. 2018. Disponível em: https://economia.ig.com.br/2018-12-19/greve-dos-caminhoneiros-retrospectiva.html. Acesso em: 26 jan. 2022.

HANNA, Nessim; DODGE, H. Robert. *Pricing: policies and procedures*. London: Macmillan, 1997.

HARON, Abbott J. Factors influencing pricing decisions. International. *Journal of Economics & Management Sciences*, Hyderabad, v. 5, n. 1, Jan. 30, 2016. Disponível em: https://www.omicsonline.org/open-access/factors-influencing-pricing-decisions-2162-6359-1000312.pdf. Acesso em: 22 mai, 2019.

HELLMANN'S. O sabor irresistível da verdadeira maionese. 1 vídeo (30 seg). Disponível em: https://www.youtube.com/watch?v=qNdwzvnWlNU. Acesso em: 16 mar. 2023.

HINTERHUBER, Andreas. Customer value-based pricing strategies: why companies resist. *Journal of Business Strategy*, Bingley, v. 29, n. 4, p. 41-50, 2008.

HINTERHUBER, Andreas. Towards value-based pricing – An integrative framework for decision making. *Industrial Marketing Management*, v. 33, n. 8, p. 765-778, 2004.

HINTERHUBER, Andreas; LIOZU, Stephan M. Is innovation in pricing your next source of competitive advantage? *Business Horizons*, v. 57, n. 3, p. 413-423, May 2014.

HOFFMANN, Rodolfo *et al. Administração da empresa agrícola*. 4. ed. São Paulo: Pioneira, 1984.

HORNBY, A. S. *Oxford advanced learner's dictionary of current English*. 7. ed. Oxford: Oxford University Press, 2008.

HORNGREN, Charles T.; DATAR, Srikant M.; RAJAN, Madhav V. *Cost accounting: a managerial emphasis*. 14. ed. Upper Saddle River: Prentice Hall, 2012.

HORNGREN, Charles T.; FOSTER, George; DATAR, Srikant M. *Contabilidade de custo*. 9. ed. Rio de Janeiro: LTC, 2000.

IBGE. Instituto Brasileiro de Geografia e Estatística. Levantamento Sistemático da Produção Agrícola. *Produção, por período da safra e produto (toneladas)*. Disponível em: https://sidra.ibge.gov.br/home/lspa/brasil. Acesso em: 14 maio 2019.

IFAG Econômico. Instituto para o Fortalecimento da Agropecuária de Goiás – Econômico. *Estimativa de Custo Operacional de Produção – Eucalipto*, jul. 2017. Disponível em: http://ifag.org.br/custo-de-producao/. Acesso em: 21 maio 2019

IMEA. Instituto Matogrossense de Economia Agropecuária. *Workshop Jornalismo Agropecuário: Entendendo o mercado do milho*. IMEA, 1° jul. 2015. Disponível em: http://www.imea.com.br/upload/pdf/arquivos/Paper_jornalistas_Milho_AO.pdf. Acesso em: 1º jun. 2019.

INDEED.com. Sr. Pricing Analyst Job. *Indeed.com*, s. d. Disponível em: https://www.indeed.com/q-Strategic-Pricing-Manager-jobs.html?vjk=9f5df8324595446e. Acesso em: 26 jun. 2020.

IUDÍCIBUS, Sergio de *et al. Manual de contabilidade societária.* São Paulo: Atlas, 2010.

KAHAN, David. *Farm business analysis using benchmarking.* Rome: FAO, 2010.

KAPLAN, Robert S.; COOPER, Robin. *Custo & desempenho: administre seus custos para ser mais competitivo.* São Paulo: Futura, 1998.

KOTLER, Philip. *Administração de marketing: análise planejamento, implementação e controle.* 5. ed. São Paulo: Atlas, 1998.

KOTLER, Philip; ARMSTRONG, Gary. *Princípios de marketing.* 12. ed. São Paulo: Pearson, 2007.

KOTLER, Philip; KELLER, Kevin L. *Administração de marketing.* 14. ed. São Paulo: Pearson, 2012.

KOTLER, Philip; KELLER, Kevin L. *Administração de marketing.* 15. ed. São Paulo: Pearson, 2018.

KOTLER, Philip; KELLER, Kevin L. *Marketing management.* 15. ed. Harlow: Pearson, 2016.

KRUGMAN, Paul; WELLS, Robin. *Introdução à economia.* Rio de Janeiro: Elsevier, 2007.

LAMM, David V.; VOSE, Lawrence C. Seller pricing strategies: a buyer's perspective. *Journal of Supply Chain Management*, v. 24, n. 3, p. 9-13, Sept. 1988.

LEONE, George S. G. *Custos: planejamento, implantação e controle.* 3. ed. São Paulo: Atlas, 2000.

LEVENSON, Albert M.; SOLON, Babette S. *Princípios gerais da teoria de preços.* São Paulo: Pioneira, 1973.

LEIBENSTEIN, H. Bandwagon, snob, and Veblen effects in the theory of consumers' demand. *Quarterly Journal of Economics*, v. 64, n. 2, p. 183-207, May 1950.

LIMA FILHO, R. R.; AGUIAR, G. A. M.; TORRES, A. Eucalipto: rentabilidade da produção no Brasil. *Revista Agroanalisys*, São Paulo, Fundação Getúlio Vargas, v. 34, n. 6, p. 19-20, jun. 2014.

LOVELOCK, Christopher; WIRTZ, Jochen; HEMZO, Miguel Angelo. *Marketing de serviços: pessoas, tecnologia e estratégia.* 7. ed. São Paulo: Pearson, 2011.

MACDIVITT, Harry; WILKINSON, Mike. *Value-based pricing: drive sales and boost your bottom line by creating, communicating and capturing customer value.* New York: MacGraw-Hill, 2012.

MANSANO, Fernando. O crescimento dos marketplaces em 2021. *ABComm*, 26 abr. 2021. Disponível em: https://abcomm.org/noticias/o-crescimento-dos-marketplaces-em-2021/. Acesso em: 29 abr. 2021.

MARION, José Carlos (coord.). *Contabilidade e controladoria em agribusiness.* São Paulo: Atlas, 1996.

MARN, Michael V.; ROSIELLO, Robert L. Managing price, gaining profit. *Harvard Business Review,* Sept.-Oct. 1992. Disponível em: https://hbr.org/1992/09/managing-price-gaining-profit. Acesso em: 08 mar. 2023.

MARTINS, Eliseu. *Contabilidade de custos.* 9. ed. São Paulo: Atlas, 2008.

MARTINS, Helen. Brasil é segundo maior criador de rãs do mundo. *Globo Rural,* 2016. Disponível em: http://g1.globo.com/economia/agronegocios/globo-rural/noticia/2016/11/brasil-e-segundo-maior-criador-de-ras-do-mundo.html. Acesso em: 25 nov. 2020.

MEGIDO, José L. T.; XAVIER, Coriolano. *Marketing & agribusiness.* 4. ed. São Paulo. Atlas, 2003.

MEKONNEN, M. M.; HOEKSTRA, A. Y. *The green, blue and grey water footprint of farm animals and animal products.* Delft: Unesco-IHE, 2010. (Value of Water Research Report n. 48)

MENDES, Judas Tadeu Grassi; PADILHA JR., João Batista. *Agronegócio: uma abordagem econômica.* São Paulo: Pearson, 2007.

MILLER, Jeffrey G.; VOLLMANN, Thomas E. The hidden factory. *Harvard Business Review,* Boston, Sept. 1985.

MINTZBERG, Henry. *Ascenção e queda do planejamento estratégico.* Porto Alegre: Bookman, 2007.

MOBLICCI, Natalia. Panorama do mercado brasileiro de bebidas não alcoólicas. *Sintec Consulting,* 19 jun. 2018. Disponível em: https://sintec.com/pt-br/p_innovador/panorama-do-mercado-brasileiro-de-bebidas-nao-alcoolicas/. Acesso em: 19 set. 2020.

MORRIS, Michael H.; MORRIS, Gene. *Market oriented pricing: strategies for management.* Lincolnwood: NTC, 1992.

NAGLE, Thomas T.; HOGAN, John E. *The strategy and tactics of pricing: a guide to growing more profitably.* 4. ed. Upper Saddle River: Pearson, 2006.

NAGLE, Thomas T.; HOGAN, John E.; ZALE, Joseph. *The strategy and tactics of pricing: a guide to growing more profitably.* 5. ed. Upper Saddle River: Pearson, 2010.

NAGLE, Thomas T.; HOLDEN, Reed K. *Estratégia e táticas de preços: um guia para decisões lucrativas.* 3. ed. São Paulo: Prentice Hall, 2003.

NOBLE, Peter M; GRUCA, Thomas S. Industrial pricing: theory and managerial practice. *Marketing Science*, Catonsville, v. 18, n. 3, p. 435-454, Aug. 1999. Disponível em: https://pubsonline.informs.org/doi/abs/10.1287/mksc.18.3.435. Acesso em: 26 nov. 2020.

OECD. Organisation for Economic Co-operation and Development. *Agricultural policy monitoring and evaluation 2021.* Paris: OECD, 2022. Disponível em: https://www.oecd-ilibrary.org/sites/2d810e01-en/index.html?itemId=/content/

publication/2d810e01-en&_csp_=af0753aa6f1227099c73c6abb0fd552b&itemIGO=oecd&itemContentType=book. Acesso em: 18 mar. 2022.

OLIVEIRA NETO, Aroldo Antonio de (org.). *A cultura do arroz*. Brasília: Conab, 2015.

OSTRENGA, Michael R. *et al. Guia da Ernst & Young para gestão total dos custos*. Rio de Janeiro: Record, 1993.

OXENFELDT, Alfred R. A decision-making structure for price decisions. *Journal of Marketing*, American Marketing Association, v. 37, p. 48-53, Jan. 1973.

PIETERS, L.; NOVAK, D. R.; PANKRATZ, D.; ROGERS, S. *The cost of buying green. Deloitte Insights*. 17 jun. 2022. Disponível em: <https://www2.deloitte.com/xe/en/insights/industry/retail-distribution/consumer-behavior-trends-state-of-the-consumer-tracker/sustainable-products-and-practices-for-green-living.html>. Acesso em: 13 mar. 2023.

PIQUETTI, A. *et al.* Encurtamento da cadeia produtiva do frango por meio da evolução do ganho de peso diário (GPD). *Brazilian Journal of Development*, Curitiba, v. 4, n. 6. p. 3077-3093, out.-dez. 2018.

PORTER, Michael E. O que é estratégia. *Harvard Business Review*, Boston, Harvard Business Publishing, nov.-dez. 1996.

PORTER, Michael E. *Vantagem competitiva: criando e sustentando um desempenho superior*. Rio de Janeiro: Campus, 1990.

PRICE WATERHOUSE. *Preço de transferência: transfer pricing*. São Paulo: Atlas, 1998.

PWC Brasil. *Agribusiness in Brazil: an overview*. São Paulo, 2013. Disponível em: https://www.pwc.com.br/pt/publicacoes/setores-atividade/assets/agribusiness/2013/pwc-agribusiness-brazil-overview-13.pdf. Acesso em: 22 abr. 2020.

RAMOS, Pedro *et al. Dimensões do agronegócio brasileiro: políticas, instituições e perspectivas*. Brasília: MDA, 2007.

RAO, Vithala R. (ed.). *Handbook of Pricing Research in Marketing*. Cheltenham: Edward Elgar, 2009.

REUTERS. Sob pressão de acionistas, Nestlé estabelece meta de margem. *Revista Exame Digital*, 26 set. 2017. Disponível em: https://exame.com/negocios/sob-pressao-de-acionistas-nestle-estabelece-meta-de-margem/. Acesso em: 21 maio 2019.

RIES, Al; TROUT, Jack. *Marketing de guerra*. São Paulo: MBooks, 2006.

SAKURAI, Michiharu. *Gerenciamento integrado de custos*. São Paulo: Atlas, 1997.

SALOMÃO, Karin. Entenda o que é a Operação Carne Fraca e os impactos para a BRF. *Revista Exame Digital*, 5 mar. 2018. Disponível em: https://exame.com/negocios/entenda-o-que-e-a-operacao-carne-fraca-e-os-impactos-para-a-brf/. Acesso em: 20 maio 2019.

SAMUELSON, Paul A.; NORDHAUS, William D. *Economics*. 19. ed. New York: McGraw-Hill, 2010.

SANDRONI, Paulo. *Novíssimo dicionário de economia*. 7. ed. São Paulo: Best Seller, 2001.

SARTORI, Eloi. *Gestão de preços*. São Paulo: Atlas, 2004.

SCHINDEHUTTE, Minet; MORRIS, Michael H. Pricing as entrepreneurial behavior. *Business Horizons*, Elsevier, v. 44, n. 4, p. 41-48. Jul.-Aug. 2001.

SCHNAARS, Steven P. *Managing imitation strategies: how later entrants seize markets from pioneers*. New York: Free Press, 2002.

SCHULTZ, Howard; YANG, Doris Jones. *Dedique-se de coração: a história de como a Starbucks se tornou uma grande empresa de xícara em xícara*. São Paulo: Buzz, 2019.

SEBRAE. Serviço Brasileiro de Apoio às Micro e Pequenas Empresas. *Como elaborar um plano de negócios*. Brasília: Sebrae, 2013. Disponível em: <https://www.sebrae.com.br/Sebrae/Portal%20Sebrae/UFs/RN/Anexos/gestao-e-comercializacao-como-elaborar-um-plano-de-negocios.pdf>. Acesso em: 28 dez. 2022.

SEIXAS, Mario Alves. *O agronegócio nas Américas: comparativo entre países*. Brasília: Embrapa, set. 2019. Disponível em: https://www.embrapa.br/documents/10180/26187851/Agroneg%C3%B3cio+nas+Am%C3%A9ricas+-+Comparativo+entre+pa%C3%ADses/828b8f15-bb54-11e7-104b-ee54fe71e1b6?download=true. Acesso em: 18 mar. 2022. (Série Diálogos Estratégicos [NT25])

SHARP, Byron. *How brands grow: como as marcas crescem*. São Paulo: Globo, 2017.

SHOSTACK, G. Lynn. Breaking free from product marketing. *Journal of Marketing*, Thousand Oaks, Sage, v. 41, n. 2, p. 73-80, Apr. 1977.

SMITH, Tim J. *Pricing strategy: setting price levels, managing price discounts, & establishing price structures*. Mason: Cengage Learning, 2012.

SONKA, Steven T.; HUDSON, Michael A. Why agribusiness anyway? *Agribusiness*, Hoboken, Wiley, v. 5, n. 4, p. 305-314, Jul. 1989.

TELLIS, Gerard J. Beyond the many faces of price: an integration of pricing strategies. *Journal of Marketing*, Thousand Oaks, Sage, v. 50, p. 146-160, Oct. 1986.

THE ECONOMIST. Economist Intelligence Unit. *The global power of Brazilian agribusiness*. London, 2010. Disponível em: https://eiuperspectives.economist.com. Acesso em: 22 abr. 2020.

THÜNEN Institute. *Agri benchmark*. Disponível em: http://www.agribenchmark.org/home.html. Acesso em: 27 nov. 2020.

TIDD, Joe; BESSANT, John. *Gestão da inovação*. 5. ed. Porto Alegre: Bookman, 2015.

TOLEDO, Geraldo *et al.* Política de preços e diferencial competitivo: um estudo de casos múltiplos na indústria de varejo. *Revista de Administração,* São Paulo, USP, v. 41, n. 3, p. 324-338, jul./ago./set. 2006.

TOSI, Marcos. O que o iogurte revela sobre o tamanho da crise brasileira. *Gazeta do Povo (digital)*, 23 out 2017. Disponível em https://www.gazetadopovo.com.br/agronegocio/mercado/o-que-o-iogurte-revela-sobre-o-tamanho-da-crise-brasileira-2i4wlxtyx522v06xhm0lmbn7e/. Acesso em: 26 jan. 2022.

UFRGS. Universidade Federal do Rio Grande do Sul. Derivados da cana-de-açúcar. s. d. Disponível em: https://www.ufrgs.br/alimentus1/feira/mpoutro/cana/derivados.htm. Acesso em: 26 jan. 2022.

UPFIELD Europe BV. What we're made of. *Unbelievable products*. s. d. Disponível em: https://www.icantbelieveitsnotbutter.com. Acesso em: 28 jun. 2021.

USA/CRS. United States of America. Congressional Research Service. *What is the farm bill?*. Washington: CRS, Sept. 2019. Disponível em: https://fas.org/sgp/crs/misc/RS22131.pdf. Acesso em: 26 jan. 2022.

USDA/ERS. United States Department of Agriculture. Economic Research Service. Data Products. *Ag and Food Sectors and the Economy*. 2020. Disponível em: https://www.ers.usda.gov/data-products/ag-and-food-statistics-charting-the-essentials/ag-and-food-sectors-and-the-economy/. Acesso em: 4 jan. 2021.

USDA/FSIS. United States Department of Agriculture. Food Safety and Inspection Service. Food Safety Information. *Chicken from Farm to Table*. 2020. Disponível em: https://www.fsis.usda.gov/wps/wcm/connect/ad74bb8d-1dab-49c1-b05e-390a74ba7471/Chicken_from_Farm_to_Table.pdf?MOD=AJPERES. Acesso em: 20 maio 2020.

VAN FLEET, David. What is agribusiness? A visual description. *Amity Journal of Agribusiness*, v. 1, n. 1. p. 1-6, 2016.

VEBLEN, Thorstein. *The theory of the leisure class: an economic study of institutions*. New York: Hoebsch, 1912.

WILD, John; SHAW, Ken; CHIAPPETTA, Barbara. *Fundamental accounting principles*. 20. ed. New York: McGraw-Hill, 2011.

WOODFORD, Keith. Why agribusiness is different. *NZ Sunday Star Times*, Auckland, 23 Feb. 2014.

WONNACOTT, Paul; WONNACOTT, Ronald. *Economia*. 2. ed. São Paulo: Makron Books, 1994.

ZUIN, Luís F. S.; QUEIROZ, Timóteo R. (org.). *Agronegócio: gestão e inovação*. São Paulo: Saraiva, 2006.

ZYLBERSZTAJN, Decio; NEVES, Marcos Fava (org.). *Economia & gestão dos negócios agroalimentares*. São Paulo: Pioneira, 2000.

ZYLBERSZTAJN, Decio; SCARE, Robertos Fava (org.). *Gestão da qualidade no agribusiness: estudos e casos*. São Paulo: Atlas, 2003.

Impressão e Acabamento
Bartiragráfica
(011) 4393-2911